1週間集中講義シリーズ

偏差値を30UPから70に上げる数学

細野真宏の
ベクトル[平面図形]が
本当によくわかる本

小学館

『数学が本当によくわかるシリーズ』の刊行にあたって

　僕はよく生徒から
「受験生のときどんな本を使ってどのように勉強していたんですか？」
と質問をされて困っています。それは
キチンと答えてもたいして参考にならないからです。
　僕は受験生の頃，参考書は全くと言っていいほど分かりませんでした。
「なんでここでこの公式を使うことに気付くのか？」
「なんでここでこのような変形をするのか？」など，1つ1つの素朴な
疑問について全くと言っていいほど解説してくれていなくて，一方的に
「この問題はこうやって解くものなんだ！」と解法を押しつけられていたから
です。
　だから，僕が受験生のときは（いい参考書がなかったので）決して
ベストな勉強法ができていたわけではなく，いろんな試行錯誤をしていた
のです。その意味で，この『数学が本当によくわかるシリーズ』は
「僕が受験生のときに最も欲しかった参考書」なのです。
　つまり，この本は僕の受験生の頃の経験などを踏まえ
"全くムダがなく，最短の期間で飛躍的に数学の力を伸ばす"
ことができるように作ったものなのです。
　だから，冒頭の質問に対して，僕は簡潔にこう答えています。
「僕の受験生の頃の失敗なども踏まえてこの本を作ったので，
　この本をやれば僕の受験生のときよりもはるかに効率のいい
　勉強ができるよ」と。

細野 真宏

まえがき

　この本は，偏差値が30台の人から70台の人を対象に書きました。

　数学がよく分からないという人は非常に多いと思います。しかし，それは決して本人の頭が悪いから，というわけではないと思います。私は教える人の教え方や解法が悪いからだと思います。

　私も高校生のとき全く数学が分かりませんでした。とにかく勉強が大嫌いだったので，高2までは大学へ行く気がなく（というより成績が悪すぎて行けなかった），専門学校で絵の勉強をすると決めていました。高3のはじめにすごく簡単だと言われている模試を受けました。結果は200点満点で8点！（6点だったかもしれない……）。この話をすると皆「熱でも出ていたんでしょう？」とか言って信じてくれません。熱どころかベストな体調で試験時間終了の1秒前まで必死に解答を書いていました。

　それからいろいろ考えることがあって，大学へ行こうかなぁ，などと思うようになり，ようやく数学をやり出しました。田舎の三流高校（あっ，今はそこそこいい高校になっているようです）にいたので，授業などはあてにできず独学でやりました。1年後には大手予備校の模試で全国1番になっていました。結局だいたい偏差値は80台はあり，いいときで100を超えたり（東大模試とかレベルの高い模試なら可能）していました。こんなことを言うと「なんだァこの人は頭がいいから数学ができるようになったのか」と思うかもしれないのでキチンと言っておくと，決して私は頭が良くありません。しかし，要領はいいと思います。本を読んでもらえれば，無駄がないことが分かってもらえると思います。そして，数学ができるようになるためには，決して特別な才能が必要になるわけではない，ということも分かってもらえると思います。要は，教え方によって数学の成績は飛躍的に変わり得るものなのです。

　私の講義でやっている内容は非常に高度です。しかし，偏差値が30台の人でも分かるようにしています（私がかつてそうだったから思考

過程がよく分かる)。一般に 優れた解法(▶素早く解け，応用が利く)は非常に難しく理解しにくいものです。だから普通の受験生は，まず多大な時間を費やしてあまり実用的でない教科書的な解法を学校で教わり(予備校の講義が理解できる程度の学力を身につけ)その後で予備校で優れた解法を教わることにより，ようやくそれが理解できるようになる，という過程をたどると思います。しかし，もしもいきなり優れた解法をほとんど0(ゼロ)の状態から理解することが可能なら，非常に短期間で飛躍的に成績を上げることが可能になるでしょう。

　私は普段の授業でそれを実践しているつもりです。この本はその講義をできる限り忠実に再現してみたものです。その意味でこの本は，**「短期間に 偏差値を30台から70台に上げるのに最適な本」**なのです。

　この本を読むことによって，一人でも多くの人に数学のおもしろさを分かってもらえたらうれしく思います。

　できれば，今後の参考のために，本の感想や御意見等を編集部あてに送ってください。

　横山 薫君，河野 真宏君 には原稿を読んでもらったり校正等を手伝って頂きました。
ありがとうございました。

P.S. いつも数多くの愛読者カードや励ましの手紙等が出版社から届けられて来ます。すべて読ませてもらっていますが，本当に参考になったり元気づけられたりしています。本当にありがとうございます。(忙しくて，返事があまり書けなくて申し訳ありません)

著　者

《注》　「**偏差値を30から70に上げる数学**」というと，「既に偏差値が70台の人はやらなくてもいいのか?」と思う人もいるかもしれませんが，実際は70から90台の読者も多く，「本質的な考え方が理解できるからやる価値は十分ある」という声も多く届いています。

目 次

問題一覧表 ⑪

Section 1 ベクトルの基本公式とその使い方について ―― 1

Section 2 内積とその周辺の問題 ―― 47

Section 3 ベクトルの位置と面積比に関する問題 ―― 71

One Point Lesson ~組立除法と因数分解について~ ―― 96

One Point Lesson ~成分が与えられたベクトルの問題について~ ―― 107

Point 一覧表 ~索引にかえて~ ―― 113

『ベクトル[空間図形]が本当によくわかる本』に収録

Section 4 空間におけるベクトルの問題

Section 5 平面のベクトル表示

Section 6 空間図形に関する応用問題

『数学が本当によくわかるシリーズ』の特徴

1 『数学が本当によくわかるシリーズ』は，数Ⅰ，数A，数Ⅱ，数B，数Ⅲ，数Cから，どの大学の入試にもほぼ確実に出題される分野や，苦手としている受験生が非常に多いとされている重要な分野を取り上げています。

かなり基礎から解説していますが，その分野に関しては入試でどんなレベルの大学（東大でも！）を受けようとも必ず解けるように書かれているので，決して簡単な本ではありません。しかし，難しいと感じないように分かりやすく講義しているので，偏差値が30台の人や文系の人でもスラスラ読めるでしょう。

2 この本では，「思考力」や「応用力」が身に付き"**最も少ない時間で最大の学力アップが望める**"ように，1題1題について[**考え方**]を講義のように詳しく解説しています。

> ▶「シリーズのすべての本をやらないといけないんですか？」というような質問を受けますが，このシリーズは1題1題を丁寧に解説しているので結果的に冊数が多くなっています。つまり，1冊あたりの問題数は決して多くはなく，このシリーズ3〜4冊分で通常の問題集の1冊分に相当したりしています。
> そのため，実際にやってみればどの本もかなりの短期間で読み終えることができるのが分かるはずです。
>
> 数学の勉強において最も重要なのは「**考え方**」です。
> 感覚だけで"なんとなく"解くような勉強をしていると，100題の問題があれば100題すべての解答を覚える必要が出てきます。
> しかし，キチンと問題の本質を理解するような勉強をすれば，せいぜい10題くらいの解法を覚えれば済むようになります。

**3** この本は Section 1, 2, 3……と順を追って解説しているので，はじめからきちんと順を追って読んでください。最初のほうはかなり基礎的なことが書かれていますが，できる人も確認程度でいいので必ず読んでください。その辺を何となく分かっている気になって読み進んでいくと必ずつまずくことになるでしょう。"急がば回れ"です。

一見，基礎を確認することが遠回りに思えても，実際は高度なことを理解するための最短コースとなっているのです。

4 従来の数学の参考書では，練習問題は例題の類題といった意味しかなく，その解答は本の後ろに参考程度にのっているものがほとんどです。しかし，この本では練習問題にもキチンとした意味を持たせています。本文で触れられなかった事項を練習問題を使って解説したり，時には練習問題の準備として例題を作ったりもしています。だから，読みやすさも考え，練習問題の解答は別冊にしました。

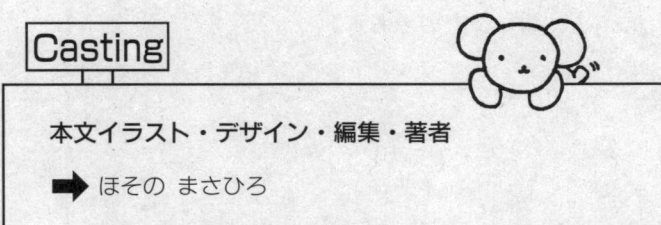

この本の使い方

　　とりあえず **例題**を解いてみる。（1題につき10～30分ぐらい）

▶ 全く解けなくても，とりあえずどんな問題なのかは分かるはずである。
どんな問題なのかすら分からない状態で解説を読んだら，解説の焦点が
ぼやけてしまって逆に，理解するのに時間がかかったりしてしまうので，
とにかく解けなくてもいいから**10分～30分は解く努力をしてみること！**

　　解けても解けなくても [**考え方**] を読む。

▶ その際，自分の知らなかった考え方があれば，
その考え方を**理解して覚える**こと！
また，*Point* があれば，それは**必ず暗記**すること！

　　[**解答**] をながめて 全体像を再確認する。

▶ なお，[解答] は，記述の場合を想定して，
「実際の記述式の答案では，この程度書いておけばよい」という目安
のもとで書いたものである。

　練習問題を解く。（時間は無制限）

▶**練習問題**については**例題**で考え方を説明しているから
知識的には問題がないはずなので，**例題の考え方の確認も踏まえて
練習問題は必ず自分の頭だけを使って頑張って解いてみること**／
数学は自分の頭で考えないと実力がつかないものなので，絶対に
すぐにあきらめないこと‼

Step 1〜Step 4 の流れですべての問題を解いていってください。

　まぁ，人によって差はあると思うけど，どんな人でも3回ぐらいは
繰り返さないと考え方が身に付かないだろうから，**入試までに
最低3回は繰り返すようにしよう**／

(注)
　「3回もやる時間がない！」という人もきっといると思う。確かに1回目
は時間がかかるかもしれないけれど，それは問題を解くための知識があまり
ないからだよね。だけど2回目は，(多少忘れているとしても) 半分ぐらい
は頭に入っているのだから，1回目の半分ぐらいの時間で終わらせることが
できるはずだよね。さらに3回目だったら，かなりの知識が頭に入っている
ので，さらに短時間で終わらせることができるよね。
　また，「なん日ぐらいで1回目を読み終わればいいの？」という質問をよ
くされるけれど，この本に関しては1週間で終わる，というのが1つの目安
なんだ。だけど，本を読む時点での予備知識が人によってバラバラだし，1
日にかけられる時間も違うだろうから，3日で終わる人もいれば，2週間か
かる人もいると思う。だから結論的には，「**なん日かかってもいいから本に
書いてあることが完璧に分かるようになるまで頑張って読んでくれ**／」とい
うことになるんだ。とにかく，個人差があって当然なんだから，日数なんて
気にせずに理解できるまで読むことが大切なんだよ。

講義を始めるにあたって

　数学ができない人と話をしてみるとよく分かるのだが，重要な公式や考え方が全く頭に入っていない場合が多い。それで数学の問題が全く解けないので，「あぁ僕は（私は）なんて頭が悪いんだろう！」なんて言っている。解けないのは当たり前でしょ！

　何も覚えないで問題を解けるようになろうなんてアマイ，アマイ。数学ができる人を完全に誤解している。賢い人なら英単語を一つも覚えないで（知らないで）アメリカに行って会話ができるのかい？　数学も他の科目同様，とりあえずは暗記科目である！　どんなにできる人でも暗記という地道な努力（それだけで偏差値は60台にはいく）をしているのである。その後でようやく数学オリンピックのような考える問題を解くことができるようになり，数学のおもしろさが分かるのである。

　本書は，無駄なものは一切載せていないので，本を読んで知らなかった公式や考え方はすべて覚えること!!

　それから，問題を解くのはいいんだけど，結構（けっこう）解きっぱなしの人って多いよね。そういう人は入試の直前に泣くことになる。だって入試直前に全問を解き直すのは不可能でしょ？　だから普段からどの問題を復習すべきか，きちんと区別しておかなくてはならない。私は問題を解くとき，次のような記号を使って問題の区別を行なっている。

　　　ENDの略（EASYの略なんでしょ？とよく言われる）。これは何回やっても絶対に解けるから，もう二度と解かなくてもいい問題につける。

　　　合格の略。とりあえず解けたけど，あと1回くらいは解いておいたほうがよさそうな問題につける。

　　　Againの略。あと2〜3回は解き直したほうがいいと思われる問題につける。

　無理にこの記号を使うことはないが，このように3段階に問題を分けておけば，復習するときに非常に効率がいい（例えば，直前で，どうしても時間がないときには の問題だけでも解き直せばよい）。

問題一覧表

自分のレベルや志望校に合わせて問題が選べるようになっています。
とりあえず，必要なレベルから順に勉強していってください。

- **AA**　基本問題（教科書の例題程度）；高校の試験対策にやってください。
- **A**　入試基本問題；センター試験だけという人や数学がものすごく苦手という人は，とりあえずこの問題までやってください。
- **B**　入試標準問題；A問題がよく分からないという人以外は，すべてやってください。

 の使い方

例えば，次のように使えばよい。

- 　cut する問題
- 　Ⓔ の問題
- 　㊥ の問題
- 　㋐ の問題

- **例題1** (P.3) **AA**

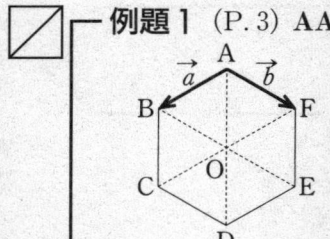

左図のような正六角形 ABCDEF において $\overrightarrow{AB}$, $\overrightarrow{AF}$ をそれぞれ $\vec{a}$, $\vec{b}$ とおくとき, $\overrightarrow{AO}$, $\overrightarrow{BC}$, $\overrightarrow{OD}$, $\overrightarrow{FE}$ を $\vec{a}$, $\vec{b}$ を用いて表せ。

- **例題2** (P.6) **AA**

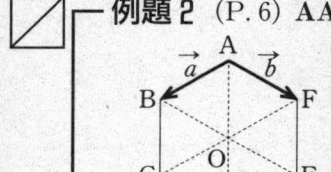

左図のような正六角形 ABCDEF において $\overrightarrow{AB}$, $\overrightarrow{AF}$ をそれぞれ $\vec{a}$, $\vec{b}$ とおくとき,
(1) $\overrightarrow{AD}$ を $\vec{a}$, $\vec{b}$ を用いて表せ。
(2) $\overrightarrow{AC}$ と $\overrightarrow{DF}$ を $\vec{a}$, $\vec{b}$ を用いて表せ。

- **例題3** (P.8) **AA**

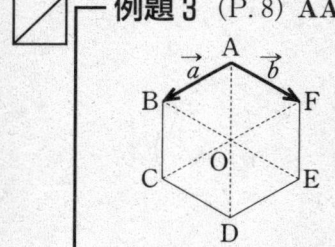

左図のような正六角形 ABCDEF において $\overrightarrow{AB}$, $\overrightarrow{AF}$ をそれぞれ $\vec{a}$, $\vec{b}$ とおき, 辺 AB, BC を $m:n$ に内分する点をそれぞれ P, Q とする。
$\overrightarrow{AP}$ と $\overrightarrow{AQ}$ を $\vec{a}$, $\vec{b}$ を用いて表せ。

例題 4 (P.10) **AA**

△ABC がある。AB=4, BC=a, CA=3 とし,その重心を G,内接円の中心を I とする。
ベクトル $\vec{GI}$ を $\vec{AB}$ と $\vec{AC}$ を用いて表そう。

BC の中点を M とすると,$\vec{AM}=\boxed{}(\vec{AB}+\vec{AC})$ であり,
G は AM を $\boxed{}$:1 の比に内分する。
したがって,$\vec{AG}=\boxed{}(\vec{AB}+\vec{AC})$ である。

また,直線 AI と BC の交点を D とすると,
D は BC を $\boxed{}$:$\boxed{}$ の比に内分するから,
$\vec{AD}=\boxed{}(\boxed{}\vec{AB}+\boxed{}\vec{AC})$ である。

さらに,I は AD を $\boxed{}$:$\boxed{}$ の比に内分する。
したがって,$\vec{AI}=\boxed{}\vec{AD}$ である。
このことから,$\vec{GI}=\dfrac{\boxed{}\vec{AB}+\boxed{}\vec{AC}}{\boxed{}}$ である。　　　[センター試験]

練習問題 1 (P.19) **AA**

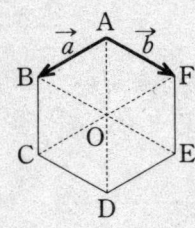

左図のような正六角形 ABCDEF において,
$\vec{AB}=\vec{a}$, $\vec{AF}=\vec{b}$ とし,
△ADE の重心を P とするとき,
$\vec{AP}$ を $\vec{a}$, $\vec{b}$ を用いて表せ。

例題 5 (P.20) **AA**

(1)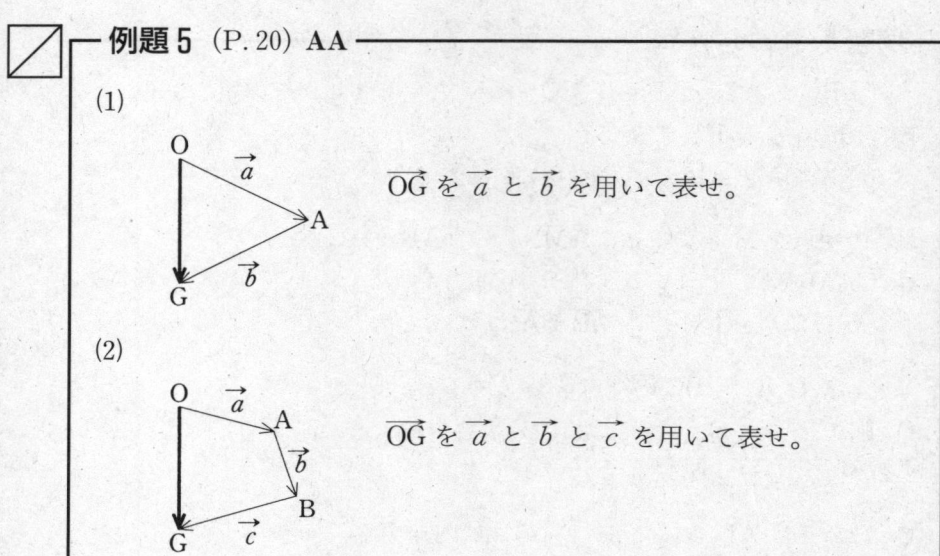

$\overrightarrow{OG}$ を $\vec{a}$ と $\vec{b}$ を用いて表せ。

(2)

$\overrightarrow{OG}$ を $\vec{a}$ と $\vec{b}$ と $\vec{c}$ を用いて表せ。

練習問題 2 (P.22) **A**

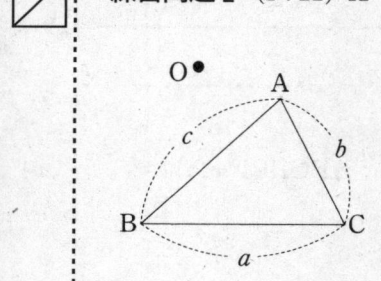

平面上に左図のような三角形 ABC と原点 O がある。

三角形 ABC の重心を G とし、内心を I とするとき、

(1) $\overrightarrow{AG}$, $\overrightarrow{AI}$ を $\overrightarrow{AB}$ と $\overrightarrow{AC}$ を用いて表せ。

(2) $\overrightarrow{OG}$, $\overrightarrow{OI}$ を $\overrightarrow{OA}$ と $\overrightarrow{OB}$ と $\overrightarrow{OC}$ を用いて表せ。

⑮

- **例題 6** (P.23) **AA**

  三角形 OAB で，辺 OA を 3:2 に内分する点を C，辺 OB を 1:2 に内分する点を D とする。

  (1) 線分 AD と BC の交点を P，直線 OP と辺 AB の交点を Q とすると，
  $\vec{OP} = \boxed{} \vec{OA} + \boxed{} \vec{OB}$
  $\vec{OQ} = \boxed{} \vec{OP}$

  (2) 線分 AC 上に点 E，線分 BD 上に点 F をとり，線分 EF が点 P を通るようにする。
  $\vec{OE} = \alpha \vec{OC}$，$\vec{OF} = \beta \vec{OD}$ とすると，α，β の間には
  $\dfrac{1}{\boxed{}}\left(\dfrac{\boxed{}}{\alpha} + \dfrac{\boxed{}}{\beta}\right) = 1$ の関係が成り立つ。

  ［センター試験］

- **練習問題 3** (P.37) **AA**

  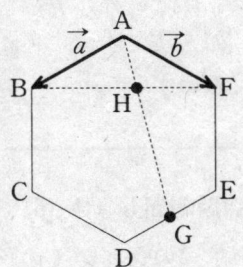

  正六角形 ABCDEF において，DE の中点を G，AG と BF の交点を H とする。
  $\vec{AB} = \vec{a}$，$\vec{AF} = \vec{b}$ とおくとき，次の問いに答えよ。

  (1) $\vec{AD}$，$\vec{BF}$，$\vec{AE}$，$\vec{AG}$ を $\vec{a}$，$\vec{b}$ を用いて表せ。

  (2) $\vec{AH}$ を $\vec{a}$，$\vec{b}$ を用いて表せ。

練習問題 4 (P.38) AA

平行四辺形 OPQR の辺 OP 上に点 A，辺 OR 上に点 B をとる。A を通って辺 OR に平行な直線と B を通って辺 OP に平行な直線との交点を C とし，線分 AR と線分 BP の交点を D とする。

(1) $\overrightarrow{OA}=\vec{a}$, $\overrightarrow{OB}=\vec{b}$, $\overrightarrow{OP}=s\vec{a}$, $\overrightarrow{OR}=t\vec{b}$ $(s>1, t>1)$
とするとき，$\overrightarrow{OD}$ を $\vec{a}$ と $\vec{b}$ で表せ。

(2) 3点 D, C, Q が同一直線上にあることを示せ。　　［岩手大］

例題 7 (P.38) A

1辺の長さが 1 の正五角形の頂点を右図のように A, B, C, D, E とし，$\overrightarrow{AB}=\vec{a}$, $\overrightarrow{AE}=\vec{b}$ とおく。
線分 BE の長さを t とするとき，

(1) $\overrightarrow{CD}$ を $\vec{a}$, $\vec{b}$, t を用いて表せ。

(2) $\overrightarrow{DE}$ を $\vec{a}$, $\vec{b}$, t を用いて2通りの方法で表すことにより，t の値を求めよ。

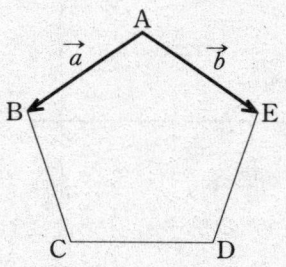

［新潟大］

練習問題 5 (P.46) (1) AA (2) B (3) A

1辺の長さが 1 の正五角形 ABCDE があり，AD と BE の交点を F，$\overrightarrow{AB}=\vec{a}$, $\overrightarrow{AE}=\vec{b}$, AD の長さを l とする。

(1) $\overrightarrow{AD}=\vec{a}+l\vec{b}$ と表せることを証明せよ。

(2) l を求めよ。

(3) $\overrightarrow{BF}$ を $\vec{a}$, $\vec{b}$ で表せ。

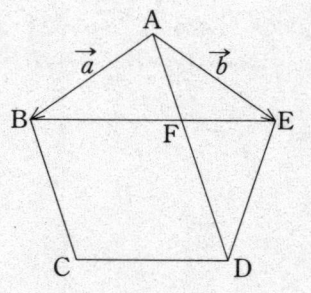

［信州大］

練習問題 6 (P.46) A

原点 O を中心とする半径 1 の円に内接する正五角形 $A_1A_2A_3A_4A_5$ に対し、$\angle A_1OA_2 = \theta$, $\overrightarrow{OA_1} = \vec{a_1}$, $\overrightarrow{OA_2} = \vec{a_2}$, $\overrightarrow{OA_3} = \vec{a_3}$ とする。
このとき、$\vec{a_3}$ を $\vec{a_1}$, $\vec{a_2}$, θ を用いて表せ。　　　　[広島大]

例題 8 (P.48) AA

(1) $\vec{a}$ と $\vec{b}$ が垂直であるとき、$\vec{a} \cdot \vec{b}$ を求めよ。
(2) $\vec{a} \cdot \vec{a} = |\vec{a}|^2$ を示せ。

例題 9 (P.51) AA

次の $\vec{a}$ と $\vec{b}$ のなす角 θ ($0° \leq \theta \leq 180°$) を求めよ。
(1) $\vec{a} = (1, 1)$, $\vec{b} = (-1+\sqrt{3}, -1-\sqrt{3})$
(2) $\vec{a} = (3, 5)$, $\vec{b} = (-5, 3)$

練習問題 7 (P.52) AA

ベクトル $\vec{a} = (x^2-1, x-5, -x-1)$ が
2つのベクトル $\vec{b} = (x, x+1, -1)$, $\vec{c} = (x+1, 2x-3, x)$ と
直交するとき、x の値と $\vec{b}$, $\vec{c}$ のなす角 θ を求めよ。
ただし、$0° \leq \theta \leq 180°$ とする。　　　　[福島県立医大]

例題 10 (P.53) AA

$|\vec{a}| = 1$, $|\vec{b}| = 2$ で $\vec{a} + \vec{b}$ と $5\vec{a} - 2\vec{b}$ が垂直であるとき、
(1) $\vec{a}$, $\vec{b}$ のなす角 θ を求めよ。
(2) $|\vec{a} - \vec{b}|$ の値を求めよ。

例題 11 (P.56) AA

△ABO があって,AB=4,OA=6,OB=8,内心を I とするとき,
(1) $\vec{OA}\cdot\vec{OB}=\boxed{}$
(2) $\vec{OI}=\boxed{}\vec{OA}+\boxed{}\vec{OB}$

[東京理科大]

例題 12 (P.59) (1) AA (2) A

△OAB において,OA=4,OB=2,AB=3 で,$\vec{OA}=\vec{a}$,$\vec{OB}=\vec{b}$ とする。
(1) ∠AOB の二等分線と AB の交点を D とするとき,$\vec{OD}$ を $\vec{a}$,$\vec{b}$ で表せ。また,AB の中点を M とするとき,$\vec{OM}$ を $\vec{a}$,$\vec{b}$ で表せ。
(2) ∠AOB の二等分線と AB の垂直二等分線との交点を E とするとき,$\vec{OE}$ を $\vec{a}$,$\vec{b}$ で表せ。

[成城大]

練習問題 8 (P.63) A

O を原点とする xy 平面上のベクトル $\vec{OA}=(4,0)$,$\vec{OB}=(0,3)$ に対して,線分 AB を 2:3 に内分する点を C,OC の延長が △OAB の外接円と交わる点を P とする。また,△OAB の内心を I とする。
(1) 内心 I の座標を求めよ。
(2) 点 P の座標を求めよ。

練習問題 9 (P.63) A

三角形 ABC において，$\overrightarrow{AB} = \vec{b}$，$\overrightarrow{AC} = \vec{c}$ とおき，さらに $\vec{b} \cdot \vec{c} = m$，$|\vec{b}| = b$，$|\vec{c}| = c$ とおく。

(1) 点 C から直線 AB におろした垂線の足を M とするとき，$\overrightarrow{AM}$ を $\vec{b}$ と m，b を用いて表せ。

(2) 直線 AB に関して，点 C と対称な点を D とするとき，$\overrightarrow{AD}$ を $\vec{b}$，$\vec{c}$ と m，b を用いて表せ。

(3) 直線 AC に関して，点 B と対称な点を E とするとき，$\overrightarrow{DE}$ を $\vec{b}$，$\vec{c}$ と m，b，c を用いて表せ。

(4) $\overrightarrow{DE}$ と $\overrightarrow{BC}$ が平行なとき，三角形 ABC はどのような三角形か。

練習問題 10 (P.64) B

四角形 ABCD において AB : BC = 2 : 3，AD = DC，∠ABC = 60° とする。

(1) 線分 BD が ∠ABC を二等分するとき，
$\overrightarrow{BD} = \boxed{} \overrightarrow{BA} + \boxed{} \overrightarrow{BC}$ である。

(2) BD と AC の交点を E とする。E が BE : ED = 2 : 1 を満たすとき，
$\overrightarrow{BD} = \boxed{} \overrightarrow{BA} + \boxed{} \overrightarrow{BC}$ である。　　　　　　［センター試験］

例題 13 (P.64) A

三角形 OAB の外心を P とし，$\overrightarrow{OA} = \vec{a}$，$\overrightarrow{OB} = \vec{b}$ とし，$\vec{a} \cdot \vec{b} = \dfrac{1}{2}$，$|\vec{a}| = 1$，$|\vec{b}| = 2$ とする。
$\overrightarrow{OP} = x\vec{a} + y\vec{b}$ とおくとき，x と y を求めよ。

例題 14 (P.68) A

点 O を中心とする半径 1 の円周上に 3 点 A, B, C があり、$13\overrightarrow{OA}+12\overrightarrow{OB}+5\overrightarrow{OC}=\vec{0}$ を満たしている。
このとき、$\overrightarrow{OA}\cdot\overrightarrow{OC}$ を求めよ。

練習問題 11 (P.70) (1) AA (2) B

△ABC の外心 O から直線 BC, CA, AB に下ろした垂線の足をそれぞれ P, Q, R とするとき、
$\overrightarrow{OP}+2\overrightarrow{OQ}+3\overrightarrow{OR}=\vec{0}$ が成立しているとする。
(1) $\overrightarrow{OA}$, $\overrightarrow{OB}$, $\overrightarrow{OC}$ の関係式を求めよ。
(2) ∠A の大きさを求めよ。　　　　　　　　　　　　　　　［京大］

例題 15 (P.72) AA

△ABC と定点 O について
$\overrightarrow{OP}=\dfrac{1}{6}\overrightarrow{OA}+\dfrac{1}{3}\overrightarrow{OB}+\dfrac{1}{2}\overrightarrow{OC}$ を満たす点 P の位置を図示せよ。

例題 16 (P.75) A

△ABC の内部に点 P があり、$\overrightarrow{PA}+2\overrightarrow{PB}+3\overrightarrow{PC}=\vec{0}$ が成り立っている。
(1) 点 P の位置を図示せよ。
(2) △BCP, △CAP, △ABP の面積比 $S_A:S_B:S_C$ を求めよ。

練習問題 12 (P.82) A

左図のような $\triangle ABC$ について
$a\overrightarrow{PA}+b\overrightarrow{PB}+c\overrightarrow{PC}=\vec{0}$ (a, b, c は正の数)
が成立するとき,
$S_A : S_B : S_C = a : b : c$ がいえることを示せ。

[有名問題]

練習問題 13 (P.82) AA

平面上に $\triangle OAB$ と点 P があり $4\overrightarrow{PA}+3\overrightarrow{PB}=\overrightarrow{OP}$ を満たす。
このとき, $\triangle OAP$ と $\triangle OBP$ の面積比は ☐ : ☐ である。

[神奈川大]

例題 17 (P.83) (1)(2) AA (3) B

点Qを $5\overrightarrow{QA}+6\overrightarrow{QB}+8\overrightarrow{QC}=\vec{0}$ を満たすようにとる。

(1) 直線AQ と直線BC の交点を M とすると
$\overrightarrow{AM}=$ ☐ $\overrightarrow{AB}+$ ☐ $\overrightarrow{AC}$ と表される。
また, 三角形ABM と三角形AMC の面積の比は
$\triangle ABM : \triangle AMC =$ ☐ : ☐ で与えられる。

(2) 直線AM が角A の二等分線であるとき
$AB : AC =$ ☐ : ☐ となる。

(3) 点Q が三角形ABC の内接円の中心であるとき
$AB : AC : BC =$ ☐ : ☐ : ☐ となる。

[センター試験]

練習問題 14 (P.94) A

点O を中心とする半径1の円周上に3点 A, B, C があり,
$x\overrightarrow{OA}+12\overrightarrow{OB}+5\overrightarrow{OC}=\vec{0}$ $(x>0)$ を満たしている。

(1) $\triangle OBC$ と $\triangle ABC$ の面積比が $13:30$ のとき, x を求めよ。
(2) (1)のとき, $\overrightarrow{OB}\perp\overrightarrow{OC}$ であることを示せ。

練習問題 15 (P.94) B

四面体 OABC がある。ベクトル $\overrightarrow{OP}$ を
$\overrightarrow{OP} = p\overrightarrow{OA} + q\overrightarrow{OB} + r\overrightarrow{OC}$ $(p+q+r=1)$ とする。
点 P が三角形 ABC の内部にあるとき，
四面体 OBCP, OCAP, OABP の体積を V_1, V_2, V_3 とする。
比 $V_1 : V_2 : V_3$ を求めよ。　　　　　　　　　　　　　　　［千葉大］

問題 1 (P.96) AA

$x^3 + 2x^2 - 15x + 14 = 0$ を解け。

問題 2 (P.103) AA

$t^3 + 3t - 6\sqrt{3} = 0$ の実数解を求めよ。

問題 3 (P.105) AA

$x^3 - 6x^2 - 6x - 7 = 0$ の実数解を求めよ。

問題 4 (P.108) AA

$\vec{a} = (2, 1)$, $\vec{b} = (-1, 1)$ であるとき，$\vec{c} = (1, 5)$ に対して
$\vec{c} = k\vec{a} + l\vec{b}$ となるような実数 k, l を求めよ。

問題5 (P.109) **AA**

右図のような正六角形ABCDEFについて以下の問いに答えよ。

(1) $\overrightarrow{AC}+2\overrightarrow{DE}-3\overrightarrow{FA}$ を成分で表すと ($\boxed{}$, $\boxed{}$) である。

(2) t を実数とするとき，$\overrightarrow{AB}+t\overrightarrow{EF}$ の大きさが最小になる t の値は $\boxed{}$ で そのときの最小値は $\boxed{}$ である。

[センター試験]

<メモ>

Section 1 ベクトルの基本公式とその使い方について

　この章では「ベクトル」を 全くの基礎から解説することにします。最初のほうは かなり基礎的なことが 書いてありますが、ベクトルをある程度 勉強している人も 確認程度でいいから 必ず読んでおいてください。この章の内容は 応用問題を解くときの基盤になるものなので、この章を なんとなく分かっている気になって いいかげんに 読み進んでいくと、必ず 後で つまずくことに なるでしょう。
　"急がば 回れ" です。基礎を 確認することは 一見 遠まわりに 思えるかも しれないけれど、実際は 高度なことを 理解するための 最短コースになっているものなのです。

まず，**ベクトル**とは 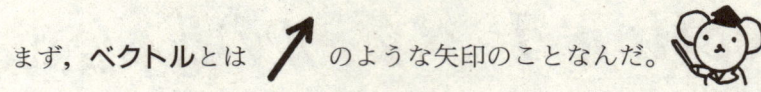 のような矢印のことなんだ。

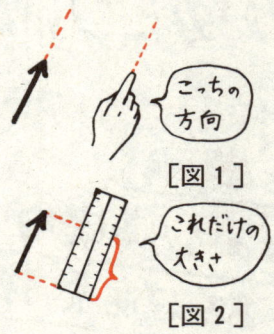

そして，この は
［図1］のように<u>方向を表している</u>
だけではなく，
［図2］のように<u>大きさ(長さ)も</u>
<u>表している</u>のである。

例えば，
［図A］の2つのベクトルは
方向は同じだが 大きさ(長さ)が違うので
別のベクトルである。

［図B］の2つのベクトルは
大きさ(長さ)は同じだが 方向が逆なので
別のベクトルである。

［図C］の2つのベクトルは
方向と大きさ(長さ)が共に等しいので
同じベクトルである。

Point 1.1 〈ベクトルの基本的な性質Ⅰ〉

ベクトルは方向と大きさによって決まるので，
方向と大きさが共に等しいベクトルは 同じベクトルである。

次に，ベクトルの基本的な用語について確認しておこう。

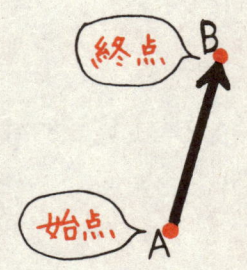

左図のようなベクトルを $\overrightarrow{AB}$ と書き，
A を**始点**といい，B を**終点**という。

また，
$\overrightarrow{AA}$ は始点と終点が共に A なので
$\overrightarrow{AA}$ は方向も大きさも持たない
単なる点だよね。　◀ 左図を見よ

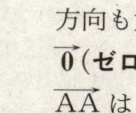

方向も大きさも持たないベクトルを
$\vec{0}$（**ゼロベクトル**と読む）と書くので，
$\overrightarrow{AA}$ は $\overrightarrow{AA} = \vec{0}$ と書けるんだ。

以上のことを踏まえて，次の問題をやってみよう。

例題 1

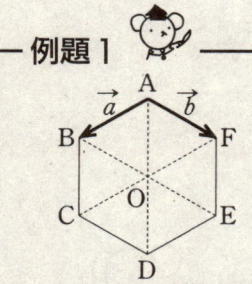

左図のような正六角形 ABCDEF において
$\overrightarrow{AB}, \overrightarrow{AF}$ をそれぞれ $\vec{a}, \vec{b}$ とおくとき，
$\overrightarrow{AO}, \overrightarrow{BC}, \overrightarrow{OD}, \overrightarrow{FE}$ を $\vec{a}, \vec{b}$ を用いて表せ。

[考え方]

中学校の理科の時間に「力の合成」で次のことを勉強したよね。
覚えていない人は必ず覚え直しておこう。

Point 1.2 〈ベクトルの合成〉

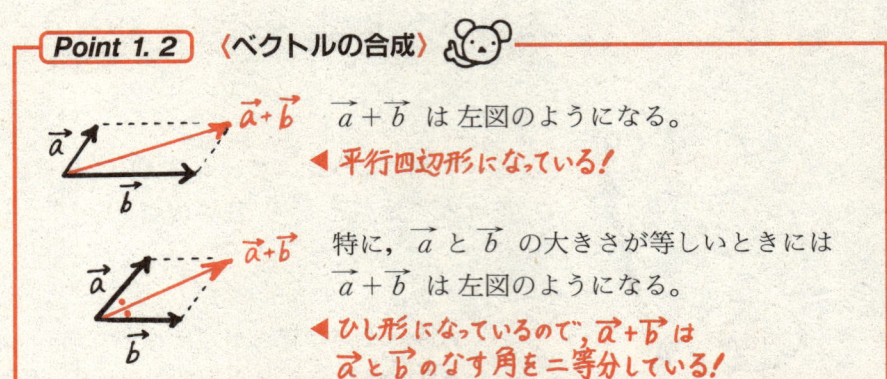

$\vec{a}+\vec{b}$ は左図のようになる。

◀ 平行四辺形になっている!

特に, $\vec{a}$ と $\vec{b}$ の大きさが等しいときには $\vec{a}+\vec{b}$ は左図のようになる。

◀ ひし形になっているので, $\vec{a}+\vec{b}$ は $\vec{a}$ と $\vec{b}$ のなす角を二等分している!

まず, $\vec{AO}$ について考えてみよう。

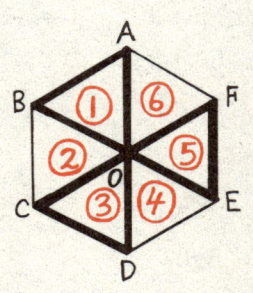

ABCDEF は正六角形なので 左図の①〜⑥の三角形はすべて正三角形 だよね。

だから,

①と⑥によってつくられる 四角形 ABOF はひし形になっている よね。

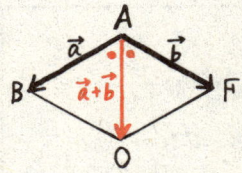

よって, **Point 1.2** を考え, $\vec{AO}=\vec{a}+\vec{b}$ がいえる。 ◀ $\vec{AO}=\vec{AB}+\vec{AF}$

次に, $\vec{BC}$ について考えてみよう。

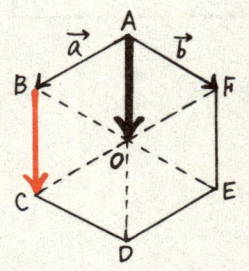

四角形 ABCO はひし形なので $\vec{BC}$ と $\vec{AO}$ は方向と大きさが共に等しい よね。

よって, **Point 1.1** より $\vec{BC}=\vec{AO}$ がいえるので,

$\vec{BC}=\vec{a}+\vec{b}$ ◀ $\vec{AO}=\vec{a}+\vec{b}$

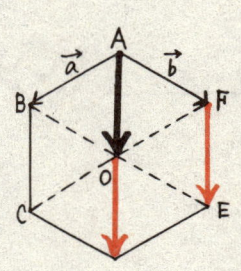

同様に，$\vec{OD}$ と $\vec{FE}$ について考えてみよう。

$\vec{OD}$ と $\vec{FE}$ も方向と大きさが共に $\vec{AO}$ と等しい よね。

よって，Point 1.1 より

$\vec{OD} = \vec{FE} = \vec{AO}$ がいえるので，

$\vec{OD} = \vec{FE} = \vec{a} + \vec{b}$ ◀ $\vec{AO} = \vec{a} + \vec{b}$

[解答]

$\vec{AO} = \vec{BC} = \vec{OD} = \vec{FE} = \vec{a} + \vec{b}$

ここで，
下図のような平行な 2 つのベクトルの関係について考えてみよう。

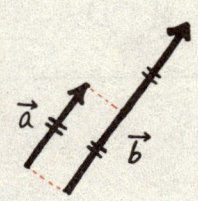

この 2 つのベクトルは 方向は同じだよね。

違うのは，$\vec{b}$ の大きさが $\vec{a}$ の大きさの 2 倍 ということだけだよね。

だから，
$\vec{a}$ を 2 倍にすれば $\vec{b}$ と等しくなるよね。

よって，$\vec{b} = 2\vec{a}$ がいえる。

この例からも分かると思うが，一般に次の **Point 1.3** がいえる。

Point 1.3 〈ベクトルの基本的な性質Ⅱ〉

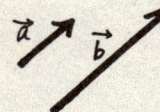

$\vec{a}$ と $\vec{b}$ は方向が同じで
$\vec{b}$ の大きさが $\vec{a}$ の大きさの t 倍ならば
$\vec{b} = t\vec{a}$ がいえる。

次に，下図のような平行な２つのベクトルの関係について考えてみよう。

この２つのベクトルは大きさは同じだよね。

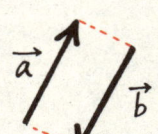
違うのは，$\vec{a}$ と $\vec{b}$ の方向が逆ということだけだよね。

> ベクトルは -1 を掛けると
> 大きさは変わらずに方向だけが逆になる

んだ。

よって，$\vec{b} = -\vec{a}$ がいえる。

Point 1.4 〈ベクトルの基本的な性質 III〉

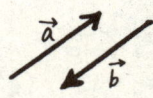 $\vec{a}$ と $\vec{b}$ の大きさが等しくて
方向が逆ならば
$\vec{b} = -\vec{a}$ がいえる。

以上の **Point** を踏まえて，次の問題をやってみよう。

例題 2

左図のような正六角形 ABCDEF において
$\overrightarrow{AB}$, $\overrightarrow{AF}$ をそれぞれ $\vec{a}$, $\vec{b}$ とおくとき，
(1) $\overrightarrow{AD}$ を $\vec{a}$, $\vec{b}$ を用いて表せ。
(2) $\overrightarrow{AC}$ と $\overrightarrow{DF}$ を $\vec{a}$, $\vec{b}$ を用いて表せ。

[考え方]
(1)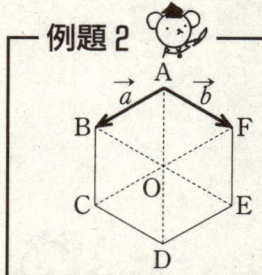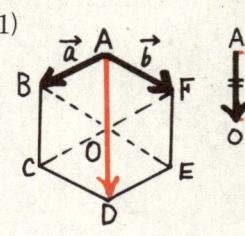

> $\overrightarrow{AO}$ と $\overrightarrow{AD}$ は同じ方向で
> $\overrightarrow{AD}$ の大きさは $\overrightarrow{AO}$ の大きさの２倍

だから

Point 1.3 より

$\overrightarrow{AD} = 2\overrightarrow{AO}$ がいえるので，

$\overrightarrow{AD} = 2(\vec{a} + \vec{b})$ ◀ 例題より $\overrightarrow{AO} = \vec{a} + \vec{b}$

(2)

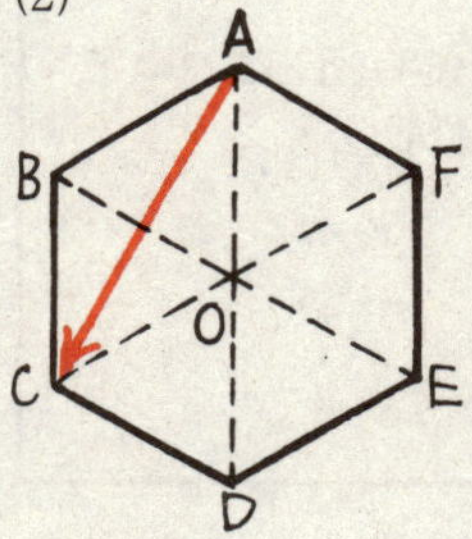

まず，$\vec{AC}$ について考えてみよう。

四角形 ABCO はひし形 だから
Point 1.2 より
$\vec{AC} = \vec{AB} + \vec{AO}$ がいえるので，

◀ ABCDEF は正六角形なので △ABO と △BCO は正三角形である！

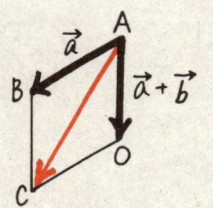

$\vec{AC} = \vec{AB} + \vec{AO}$
$= \vec{a} + (\vec{a} + \vec{b})$ ◀ $\vec{AB}=\vec{a}$, $\vec{AO}=\vec{a}+\vec{b}$ を代入した
$= 2\vec{a} + \vec{b}$ ◀ 整理した

次に，$\vec{DF}$ について考えてみよう。

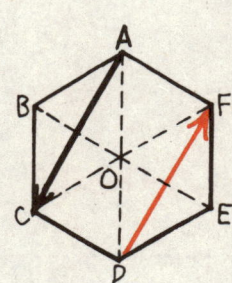

$\vec{AC}$ と $\vec{DF}$ は大きさが等しくて方向が逆 だから
Point 1.4 より
$\vec{DF} = -\vec{AC}$ がいえるので，

$\vec{DF} = -\vec{AC}$
$= -(2\vec{a} + \vec{b})$ ◀ さっき求めた $\vec{AC}=2\vec{a}+\vec{b}$ を代入した
$= -2\vec{a} - \vec{b}$ ◀ 展開した

[解答]
(1) $\vec{AD} = 2\vec{AO} = 2(\vec{a} + \vec{b})$
(2) $\vec{AC} = \vec{AB} + \vec{AO} = 2\vec{a} + \vec{b}$

$\vec{DF} = -\vec{AC} = -2\vec{a} - \vec{b}$

例題 3

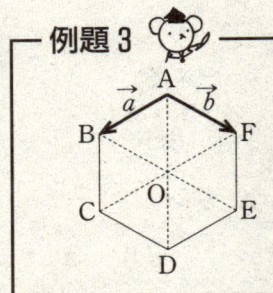

左図のような正六角形 ABCDEF において $\vec{AB}$, $\vec{AF}$ をそれぞれ $\vec{a}$, $\vec{b}$ とおき，辺 AB, BC を $m:n$ に内分する点をそれぞれ P, Q とする。
$\vec{AP}$ と $\vec{AQ}$ を $\vec{a}$, $\vec{b}$ を用いて表せ。

[考え方]

まず，$\vec{AP}$ について考えてみよう。

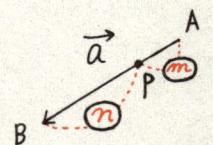

点 P は左図のように
AB を $m:n$ に内分する点なので，
$\vec{AP}$ は $\vec{AB}$ と同じ方向だよね。 ◀ 左図を見よ

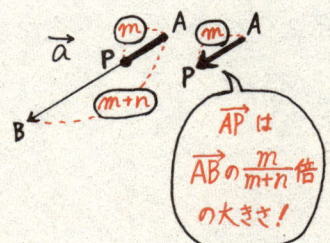

そして，
$\vec{AP}$ の大きさは
$\vec{AB}$ を $\dfrac{m}{m+n}$ 倍したものなので ◀《注》を見よ

$\vec{AP} = \dfrac{m}{m+n} \vec{AB}$ がいえる。 ◀ Point1.3

さらに，問題文の $\vec{AB} = \vec{a}$ を代入すると

$\vec{AP} = \dfrac{m}{m+n} \vec{a}$ が得られた。

（注）

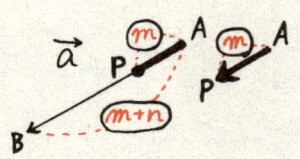

$(\vec{AP}\text{の大きさ}):(\vec{AB}\text{の大きさ}) = m : m+n$

$\Leftrightarrow (m+n)\cdot(\vec{AP}\text{の大きさ}) = m\cdot(\vec{AB}\text{の大きさ})$

$\Leftrightarrow (\vec{AP}\text{の大きさ}) = \dfrac{m}{m+n}\cdot(\vec{AB}\text{の大きさ})$

次に，$\overrightarrow{AQ}$ について考えてみよう。

$\overrightarrow{AQ}$ については次の **Point 1.5** が必要になる。

Point 1.5 〈内分の公式〉

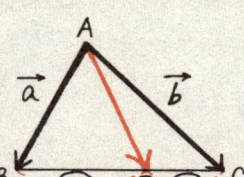

左図のように，
点 D が BC を $m:n$ に内分するとき
$$\overrightarrow{AD}=\frac{1}{m+n}(n\vec{a}+m\vec{b})$$
がいえる。

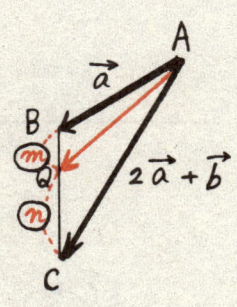

まず，点 Q は左図のように
BC を $m:n$ に内分する点なので，
Point 1.5 より

$$\overrightarrow{AQ}=\frac{1}{m+n}(n\overrightarrow{AB}+m\overrightarrow{AC})$$ がいえる。

さらに，
$\begin{cases} \overrightarrow{AB}=\vec{a} & \blacktriangleleft 問題文より \\ \overrightarrow{AC}=2\vec{a}+\vec{b} & \blacktriangleleft 例題2(2)より \end{cases}$

を考え，これらを代入すると

$$\overrightarrow{AQ}=\frac{1}{m+n}(n\overrightarrow{AB}+m\overrightarrow{AC})$$
$$=\frac{1}{m+n}\{n\vec{a}+m(2\vec{a}+\vec{b})\}$$
$$=\frac{1}{m+n}\{(2m+n)\vec{a}+m\vec{b}\}$$

[解答]

$$\overrightarrow{AP}=\frac{m}{m+n}\overrightarrow{AB}=\frac{m}{m+n}\vec{a}$$

$$\overrightarrow{AQ}=\frac{1}{m+n}(n\overrightarrow{AB}+m\overrightarrow{AC})=\frac{1}{m+n}\{(2m+n)\vec{a}+m\vec{b}\}$$

例題 4

△ABC がある。AB = 4, BC = a, CA = 3 とし,その重心を G,内接円の中心を I とする。
ベクトル $\vec{GI}$ を $\vec{AB}$ と $\vec{AC}$ を用いて表そう。

BC の中点を M とすると,$\vec{AM} = \boxed{} (\vec{AB} + \vec{AC})$ であり,
G は AM を $\boxed{}$: 1 の比に内分する。
したがって,$\vec{AG} = \boxed{} (\vec{AB} + \vec{AC})$ である。

また,直線 AI と BC の交点を D とすると,
D は BC を $\boxed{}$: $\boxed{}$ の比に内分するから,
$\vec{AD} = \boxed{} (\boxed{} \vec{AB} + \boxed{} \vec{AC})$ である。

さらに,I は AD を $\boxed{}$: $\boxed{}$ の比に内分する。
したがって,$\vec{AI} = \boxed{} \vec{AD}$ である。
このことから,$\vec{GI} = \dfrac{\boxed{} \vec{AB} + \boxed{} \vec{AC}}{\boxed{}}$ である。　　［センター試験］

［考え方］

$\boxed{\vec{AM} \text{ について}}$

まず,「中点」に関する問題では
次の **Point 1.6** が非常に重要になるので必ず覚えておこう。

Point 1. 6　〈中点の公式〉

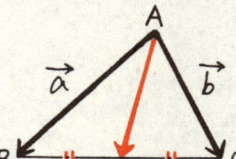

左図のように,
点 M が BC の中点になっているとき
$$\vec{AM} = \frac{1}{2}(\vec{a} + \vec{b})$$
がいえる。

(注) **Point 1.6 の導き方**　◀ Point 1.6 は Point 1.5 の特別な場合

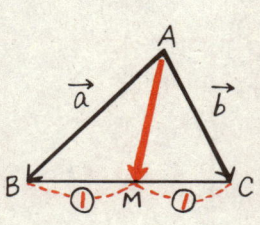

点 M は BC の中点だから
点 M は BC を $1:1$ に内分するので，
Point 1.5（内分の公式）より
$$\overrightarrow{AM} = \frac{1}{1+1}(1\cdot\vec{a} + 1\cdot\vec{b})$$
$$= \frac{1}{2}(\vec{a} + \vec{b})$$

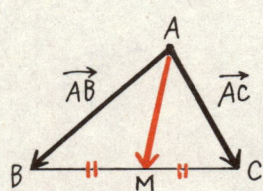

点 M は BC の中点なので，
Point 1.6 より
$$\overrightarrow{AM} = \frac{1}{2}(\overrightarrow{AB} + \overrightarrow{AC}) \quad \cdots\cdots ①$$
がいえる。

$\boxed{\overrightarrow{AG} \text{ について}}$
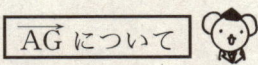

点 G は三角形 ABC の重心なので
［図1］がいえるよね。　◀ 三角形の重心の定義！（知らなかった人は必ず覚えておくこと）

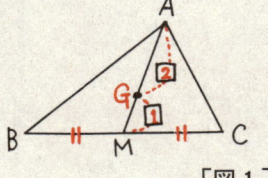

◀ G は AM を $2:1$ に内分する点である！

さらに［図2］を考え，
$$\overrightarrow{AG} = \frac{2}{3}\overrightarrow{AM}$$
$$= \frac{2}{3}\cdot\frac{1}{2}(\overrightarrow{AB} + \overrightarrow{AC}) \quad ◀ ①を代入した！$$
$$\therefore \overrightarrow{AG} = \frac{1}{3}(\overrightarrow{AB} + \overrightarrow{AC}) \quad \cdots\cdots ②$$
がいえる。

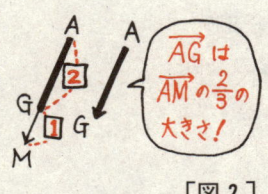

$\overrightarrow{AG}$ は $\overrightarrow{AM}$ の $\frac{2}{3}$ の大きさ！

「重心」に関する問題は非常によく出題されるので
ここで得られた $\vec{AG}=\frac{1}{3}(\vec{AB}+\vec{AC})$ は公式として覚えておくこと！

Point 1. 7　〈三角形の重心の公式〉

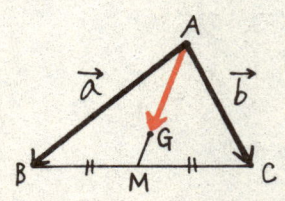

点 G を左図のような
三角形 ABC の重心とすると，
$$\vec{AG}=\frac{1}{3}(\vec{a}+\vec{b})$$　◀ $\vec{AG}=\frac{1}{3}(\vec{AB}+\vec{AC})$
がいえる。

$\boxed{\vec{AD}}$ について

まず，一般に
円と接線については
［図3］がいえるよね。　◀ 対称性から明らかに
∠BAI＝∠CAI がいえる！
▶詳しくは
［補足］(P.18)を見よ

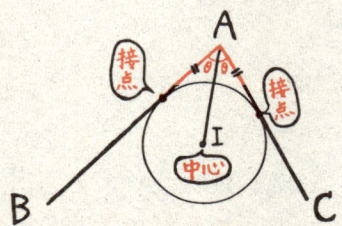

［図3］

よって，［図4］のように
$\boxed{\text{AI は∠BAC の二等分線である}}$
ことが分かる！

さらに，「角の二等分線」といえば
次の「角の二等分線の公式」が
すぐに思い浮かばなければ
ならない！　◀必ず覚えておくこと！

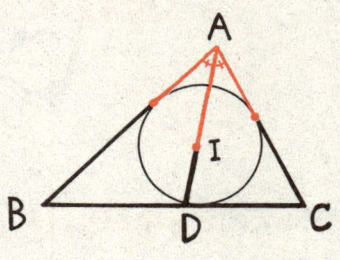

［図4］

Point 1.8 〈角の二等分線に関する重要な公式〉

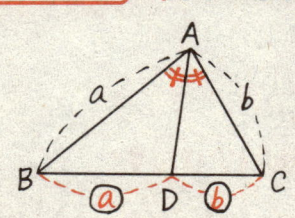

$\angle BAD = \angle CAD$ のとき，
$AB = a$, $AC = b$ とすると
$\underline{BD : DC = a : b}$
がいえる。

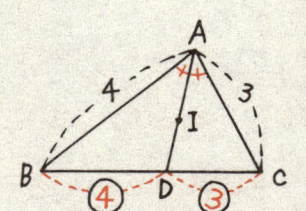

Point 1.8 を考え
$\underline{BD : DC = 4 : 3}$ ……③ ◀ $AB=4, AC=3$ だから
がいえるので， ◀［図5］を見よ
Point 1.5 より ◀ $\vec{AD} = \dfrac{1}{m+n}(n\vec{AB} + m\vec{AC})$
$\vec{AD} = \dfrac{1}{4+3}(3\vec{AB} + 4\vec{AC})$ ◀ $m=4, n=3$
$\Leftrightarrow \vec{AD} = \dfrac{1}{7}(3\vec{AB} + 4\vec{AC})$ ……④
がいえる。

［図5］

（注） BDとDCの長さについて ◀［図6］をかくための準備

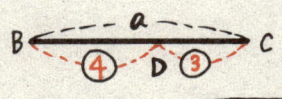

まず，$BD : DC = 4 : 3$ ……③ から
左図が得られるので，
BD は BC の $\dfrac{4}{7}$ 倍であることを考え
$\underline{BD = \dfrac{4}{7}a}$ ◀ $BC = a$（問題文より）
がいえる。

また，
DC は BC の $\dfrac{3}{7}$ 倍なので
$\underline{DC = \dfrac{3}{7}a}$ ◀ $BC = a$（問題文より）
がいえる。

$\boxed{\overrightarrow{\mathrm{AI}} について}$

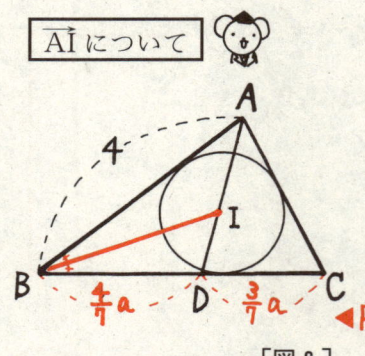

まず，[図6]のように
(AIと同様に) BIについても
角の二等分線であることがいえる
よね。 ◀[補足](P.18)を見よ

[図6]　◀P.13の《注》を見よ

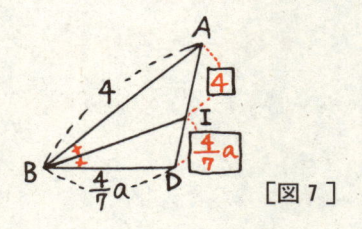

よって，**Point 1.8** より

$$\boxed{\mathrm{AI}:\mathrm{ID}=4:\frac{4}{7}a}$$ ◀AI:ID=AB:BD

がいえるよね。 ◀[図7]を見よ

[図7]

さらに，式を見やすくするために
$4:\frac{4}{7}a=1:\frac{a}{7}$ ◀4で割った
$\qquad =7:a$ を考え， ◀7を掛けた
$\mathrm{AI}:\mathrm{ID}=4:\frac{4}{7}a$ を
$\mathrm{AI}:\mathrm{ID}=7:a$ ……⑤ と書き直すと
[図8]が得られるので，

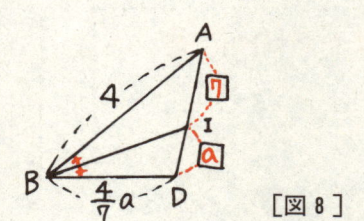

$$\boxed{\overrightarrow{\mathrm{AI}}=\frac{7}{7+a}\cdot\overrightarrow{\mathrm{AD}}}$$ ◀[図9]を見よ

$\qquad =\frac{7}{7+a}\cdot\frac{1}{7}(3\overrightarrow{\mathrm{AB}}+4\overrightarrow{\mathrm{AC}})$ ◀④を代入した！

∴ $\overrightarrow{\mathrm{AI}}=\frac{1}{7+a}(3\overrightarrow{\mathrm{AB}}+4\overrightarrow{\mathrm{AC}})$ ……⑥

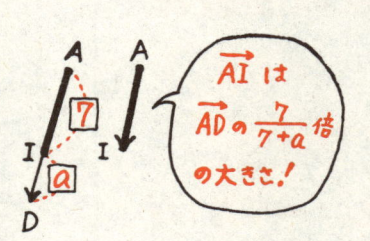

[図8]

[図9]　$\overrightarrow{\mathrm{AI}}$ は $\overrightarrow{\mathrm{AD}}$ の $\frac{7}{7+a}$ 倍の大きさ！

がいえる。

$\overrightarrow{GI}$ について

$\overrightarrow{GI}$ について考える前に，まず次の**補題**をやってごらん。

補題

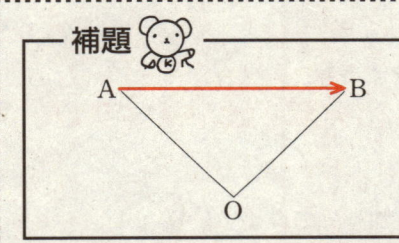

左図のような3点 O, A, B について，$\overrightarrow{AB}$ を $\overrightarrow{OA}$ と $\overrightarrow{OB}$ を用いて表せ。

これは分かるよね？

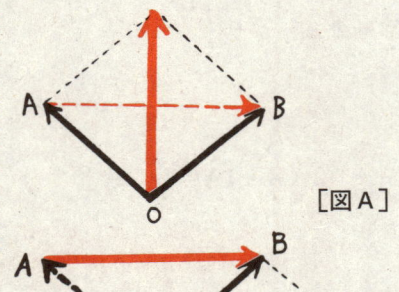

単に $\overrightarrow{OA}$ と $\overrightarrow{OB}$ を足しても [図A] のようになり $\overrightarrow{AB}$ にはならないよね。 ◀ Point1.2

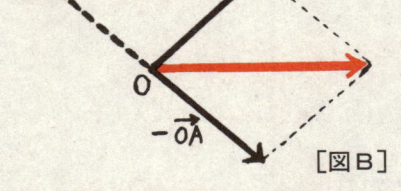

しかし，$-\overrightarrow{OA}$ と $\overrightarrow{OB}$ なら，足したとき [図B] のようになり $\overrightarrow{AB}$ がつくれる！

よって，$\boxed{\overrightarrow{AB} = -\overrightarrow{OA} + \overrightarrow{OB}}$ がいえるよね。 ◀「$-\overrightarrow{OA}$ と $\overrightarrow{OB}$ を足すと $\overrightarrow{AB}$ が得られる」

以上をまとめると，次のようになる。
この **Point 1.9** は非常に頻繁に使うものなので必ず覚えておくこと！

Point 1.9 〈ベクトルの始点の移動公式〉

2点 A, B について，点 O がどこにあっても必ず次の関係が成立する。

$$\overrightarrow{AB} = -\overrightarrow{OA} + \overrightarrow{OB}$$

まず，$\vec{GI}$ を直接求めるのは難しそうだよね。
だけど G と I については 前の問題で
$\vec{AG} = \dfrac{1}{3}(\vec{AB} + \vec{AC})$ ……② と $\vec{AI} = \dfrac{1}{7+a}(3\vec{AB} + 4\vec{AC})$ ……⑥ を
求めているよね。

入試問題なんだから，おそらく②と⑥を使えば
$\vec{GI}$ が求められるんだろうね。 ◀ **Point 1.10**（解答編のP.6）を見よ！

そこで，
②と⑥を使って $\vec{GI}$ を求める方法について考えてみよう。

まず，**Point 1.9**（ベクトルの始点の移動公式）より
$\boxed{\vec{GI} = -\vec{OG} + \vec{OI}}$ ……（*）がいえるよね。

さらに
$\vec{AG} = \dfrac{1}{3}(\vec{AB} + \vec{AC})$ ……② と $\vec{AI} = \dfrac{1}{7+a}(3\vec{AB} + 4\vec{AC})$ ……⑥
を使うために，$\boxed{（*）のOにAを代入する}$ と， ◀ 点Oはどこにあってもいいので，点Oと点Aが一致する場合について考える！

$\vec{GI} = -\vec{OG} + \vec{OI}$ ……（*）

$= -\vec{AG} + \vec{AI}$ ◀ ②と⑥が代入できる形になった！

$= -\dfrac{1}{3}(\vec{AB} + \vec{AC}) + \dfrac{1}{7+a}(3\vec{AB} + 4\vec{AC})$ ◀ ②と⑥を代入した

$= -\dfrac{7+a}{3(7+a)}(\vec{AB} + \vec{AC}) + \dfrac{3}{3(7+a)}(3\vec{AB} + 4\vec{AC})$ ◀ 分母をそろえた

$= \dfrac{1}{3(7+a)}\{(-7-a)(\vec{AB} + \vec{AC}) + 3(3\vec{AB} + 4\vec{AC})\}$ ◀ $\dfrac{1}{3(7+a)}$ でくくった

$= \dfrac{1}{3(7+a)}\{(-7-a)\vec{AB} + (-7-a)\vec{AC} + 9\vec{AB} + 12\vec{AC}\}$ ◀ 展開した

∴ $\vec{GI} = \dfrac{1}{3(7+a)}\{(2-a)\vec{AB} + (5-a)\vec{AC}\}$ ◀ 整理した

が得られた！

ベクトルの基本公式とその使い方について　17

[解答]

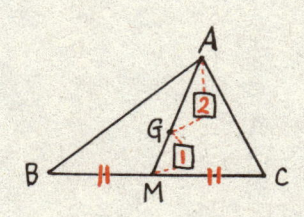

$\vec{AM} = \dfrac{1}{2}(\vec{AB} + \vec{AC})$　◀ Point 1.6

点 G は $\vec{AM}$ を $2:1$ に内分するので　◀ 重心の定義より！

$\vec{AG} = \dfrac{1}{3}(\vec{AB} + \vec{AC})$ ……①　◀ Point 1.7

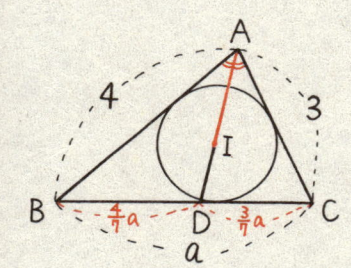

AI は ∠BAC の二等分線なので
点 D は BC を $4:3$ に内分する。　◀ Point 1.8

よって,

$\vec{AD} = \dfrac{1}{7}(3\vec{AB} + 4\vec{AC})$ ……②　◀ Point 1.5

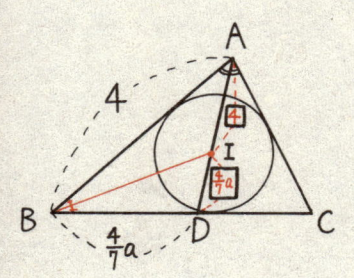

また,

BI は ∠ABC の二等分線なので
点 I は AD を $7:a$ に内分する。　◀ Point 1.8

よって,

$\vec{AI} = \dfrac{7}{7+a}\vec{AD}$　◀ [考え方] 参照

$\Leftrightarrow \vec{AI} = \dfrac{1}{7+a}(3\vec{AB} + 4\vec{AC})$ ……③　◀ ②を代入した

以上より,

$\boxed{\vec{GI} = -\vec{AG} + \vec{AI}}$　◀ Point 1.9

$= -\dfrac{1}{3}(\vec{AB} + \vec{AC}) + \dfrac{1}{7+a}(3\vec{AB} + 4\vec{AC})$　◀ ①と③を代入した

$= \dfrac{(2-a)\vec{AB} + (5-a)\vec{AC}}{3(7+a)}$　◀ 整理した（[考え方] 参照）

[補足] 円と接線の性質について

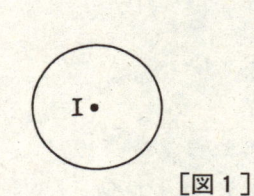

まず、
[図1]のような点Aから
円に2本の接線を引くと
[図2]のようになるよね。

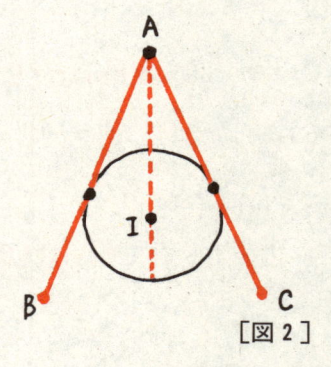

[図1]

また、
[図2]をAIで切ると
[図3]のようになり、
2つの図形はAIに関して
左右対称になっているよね。

つまり、
この2つの図形は 全く同じ図形なんだ。

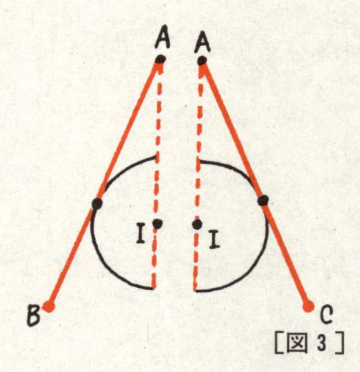

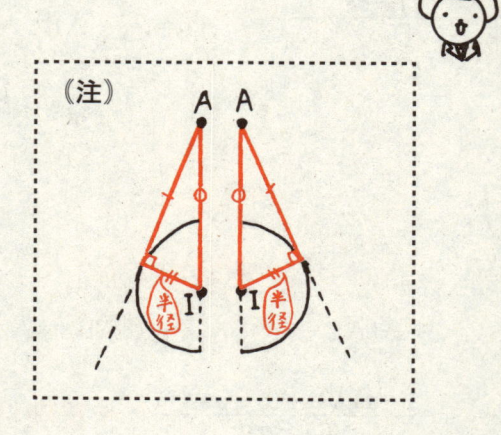

[図2]

[図3]

(注)

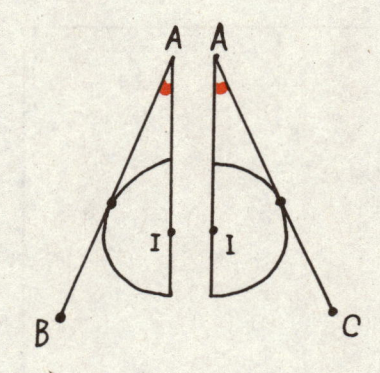

2つの図形が全く同じなら，
当然，
∠BAI＝∠CAI
がいえるよね。

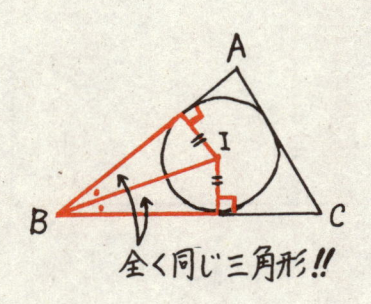

また，BI についても，
AI と全く同様に考えれば，
BI が左図のような角の二等分線に
なっていることが簡単に分かるよね。

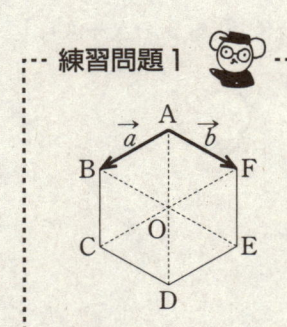

全く同じ三角形!!

練習問題1

左図のような正六角形 ABCDEF において，
$\overrightarrow{AB}=\vec{a}$，$\overrightarrow{AF}=\vec{b}$ とし，
△ADE の重心を P とするとき，
$\overrightarrow{AP}$ を $\vec{a}$，$\vec{b}$ を用いて表せ。

Section 1

ここで，**練習問題2**の準備として，次の問題をやっておこう。

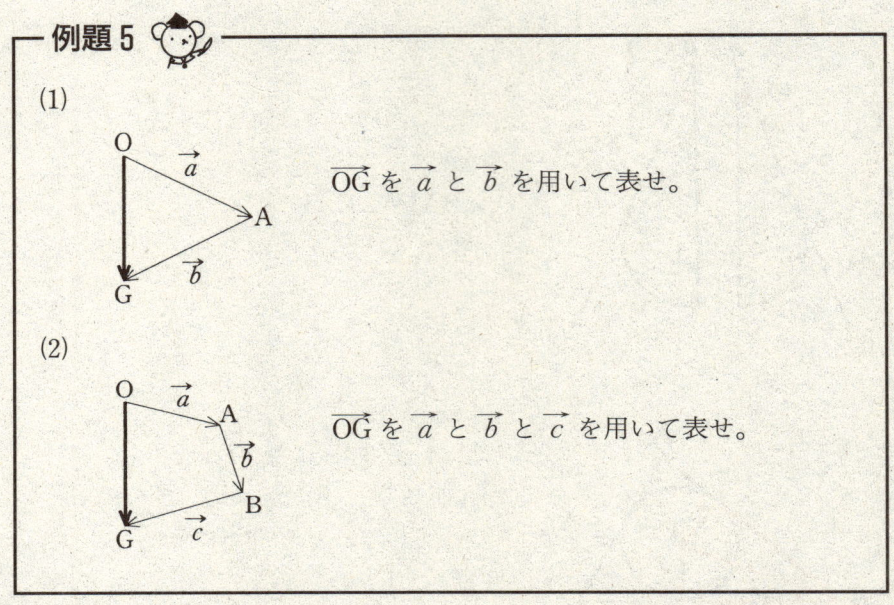

例題5

(1) $\overrightarrow{OG}$ を $\vec{a}$ と $\vec{b}$ を用いて表せ。

(2) $\overrightarrow{OG}$ を $\vec{a}$ と $\vec{b}$ と $\vec{c}$ を用いて表せ。

[考え方]

(1)

OからGに行くためには
OからGに直接行く方法[▶$\overrightarrow{OG}$] と，
OからAに行き，AからGに行く方法[▶$\overrightarrow{OA}+\overrightarrow{AG}$]
があるよね。

どちらの方法にしても
OからGに行く，ということは同じだから
どちらの方法も等しいのである。

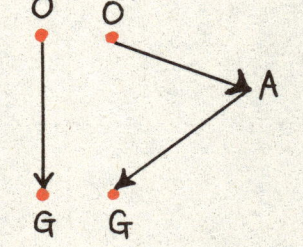

よって，
$\overrightarrow{OG}=\overrightarrow{OA}+\overrightarrow{AG}$ がいえる。

[参考] **Point 1.9** $(\vec{AB} = -\vec{OA} + \vec{OB})$ の別の導き方

▶例題 5(1)の考え方を使って
 Point 1.9（ベクトルの始点の移動公式）を導くことができる。

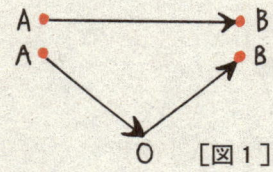

まず，[図1]を考え
$\vec{AB} = \vec{AO} + \vec{OB}$ ◀例題5(1)[考え方]参照
がいえる。

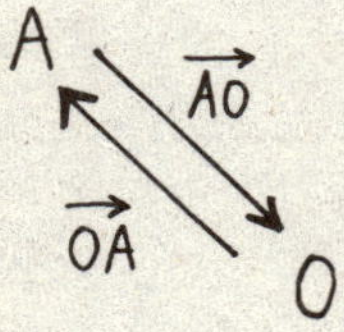

また，[図2]を考え
$\vec{AO} = -\vec{OA}$ ◀Point 1.4
がいえるので，

$\vec{AB} = \vec{AO} + \vec{OB}$
$\Leftrightarrow \boxed{\vec{AB} = -\vec{OA} + \vec{OB}}$ ◀$\vec{AO} = -\vec{OA}$ を代入した！

が得られた。

(2)

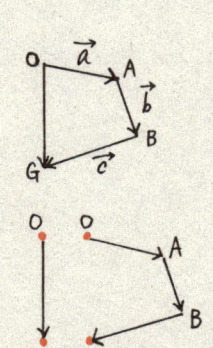

(1)と同様に，
OからGに行くためには
OからGに直接行ってもいいし， ◀$\vec{OG}$
OからAに行き，AからBに行き，
BからGに行ってもいいよね。 ◀$\vec{OA} + \vec{AB} + \vec{BG}$

これらはいずれもOからGに行くので，
$\vec{OG} = \vec{OA} + \vec{AB} + \vec{BG}$ がいえる。

[解答]
(1) $\vec{OG} = \vec{a} + \vec{b}$ ◀$\vec{OG} = \vec{OA} + \vec{AG}$
(2) $\vec{OG} = \vec{a} + \vec{b} + \vec{c}$ ◀$\vec{OG} = \vec{OA} + \vec{AB} + \vec{BG}$

ここで，今までのまとめとして次の**練習問題2**をやってごらん。この問題が解けるかどうかで今までの考え方がどの程度理解できていたのかが Check できるでしょう。

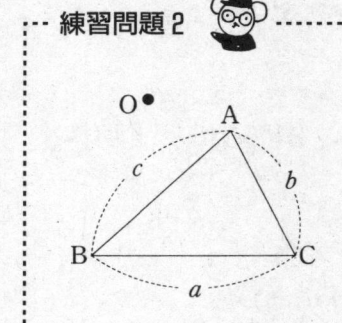

練習問題2

平面上に左図のような三角形 ABC と原点 O がある。

三角形 ABC の重心を G とし，内心を I とするとき，

(1) $\vec{AG}$, $\vec{AI}$ を $\vec{AB}$ と $\vec{AC}$ を用いて表せ。

(2) $\vec{OG}$, $\vec{OI}$ を $\vec{OA}$ と $\vec{OB}$ と $\vec{OC}$ を用いて表せ。

▶「内心」とは「内接円の中心」のことである。

ベクトルの基本公式とその使い方について 23

さて,次に「**ベクトルを求める典型的な問題**」をやってみよう。

―― 例題 6 ――――――――――――――――――――

三角形 OAB で,辺 OA を 3:2 に内分する点を C,辺 OB を 1:2 に内分する点を D とする。

(1) 線分 AD と BC の交点を P,直線 OP と辺 AB の交点を Q とすると,
$\overrightarrow{OP} = \boxed{} \overrightarrow{OA} + \boxed{} \overrightarrow{OB}$
$\overrightarrow{OQ} = \boxed{} \overrightarrow{OP}$

(2) 線分 AC 上に点 E,線分 BD 上に点 F をとり,線分 EF が点 P を通るようにする。
$\overrightarrow{OE} = \alpha \overrightarrow{OC},\ \overrightarrow{OF} = \beta \overrightarrow{OD}$ とすると,$\alpha,\ \beta$ の間には
$\dfrac{1}{\boxed{}}\left(\dfrac{\boxed{}}{\alpha} + \dfrac{\boxed{}}{\beta}\right) = 1$ の関係が成り立つ。

[センター試験]

[考え方]

(1)

$\boxed{\overrightarrow{OP}\ \text{について}}$

まず,$\overrightarrow{OP}$ を求めるには
次の重要な公式を知っていなければならない!

―― **Point 1.13** 〈1次独立なベクトルに関する公式 I〉――

$\overrightarrow{OA}$ と $\overrightarrow{OB}$ が 1 次独立なとき ◀「1次独立」については P.24 を見よ
$a\overrightarrow{OA} + b\overrightarrow{OB} = \alpha\overrightarrow{OA} + \beta\overrightarrow{OB}$ ならば
$a = \alpha$ と $b = \beta$ がいえる。 ◀ $\overrightarrow{OA}$ と $\overrightarrow{OB}$ の係数がそれぞれ等しい!

[*Point 1.13* の解説]

┌─「$\vec{OA}$ と $\vec{OB}$ が1次独立」とは？─
│ $\vec{OA}$ と $\vec{OB}$ が
│ $\begin{cases} \vec{OA} \not\parallel \vec{OB} & \blacktriangleleft \vec{OA} と \vec{OB} が平行でない！\\ \vec{OA} \neq \vec{0} & \blacktriangleleft \vec{OA} が \vec{0} でない！\\ \vec{OB} \neq \vec{0} & \blacktriangleleft \vec{OB} が \vec{0} でない！ \end{cases}$
│ を満たすとき，
│ $\vec{OA}$ と $\vec{OB}$ は「1次独立」であるという。
└─

(注) 一般に，もしも $\vec{OA}$ と $\vec{OB}$ が1次独立でなければ
$a\vec{OA} + b\vec{OB} = \alpha\vec{OA} + \beta\vec{OB}$ から
$a = \alpha$ と $b = \beta$ がいえるとは限らない！

▶例えば，$\vec{OA}$ と $\vec{OB}$ が
$\begin{cases} \vec{OA} \parallel \vec{OB} & \blacktriangleleft \vec{OA} と \vec{OB} が平行！\\ \vec{OA} \neq \vec{0} & \blacktriangleleft \vec{OA} が \vec{0} でない\\ \vec{OB} \neq \vec{0} & \blacktriangleleft \vec{OB} が \vec{0} でない \end{cases}$
を満たすとき，
$\vec{OB} = \ell\vec{OA}$（ℓ は適当な定数）とおけるので，◀ Point 1.16

$\quad a\vec{OA} + b\vec{OB} = \alpha\vec{OA} + \beta\vec{OB}$
$\Leftrightarrow a\vec{OA} + b\ell\vec{OA} = \alpha\vec{OA} + \beta\ell\vec{OA}$ ◀ $\vec{OB} = \ell\vec{OA}$ を代入した
$\Leftrightarrow (a + b\ell)\vec{OA} = (\alpha + \beta\ell)\vec{OA}$ ……(*) ◀ $\vec{OA}$ でくくった！

が得られるが，(*)からは
$a + b\ell = \alpha + \beta\ell$ という "1つの式" のみが得られるだけで，
$a = \alpha$ と $b = \beta$ がいえるとは限らない。 ◀ 例えば 等しくない！
$\underline{1} + \underline{3} \cdot 4 = \underline{5} + \underline{2} \cdot 4$
等しくない！

次に，**Point 1.13** を踏まえて
「ベクトルの求め方」について解説しよう。

ベクトルを求める問題は，たいてい（次の **Point 1.14** のように）
Point 1.13 を使えば簡単に求められるのである。

Point 1.14 〈$\overrightarrow{OP}$（ベクトル）の求め方〉

Step 1

Point 1.13 を使うために
$\overrightarrow{OP}$ を $\overrightarrow{OA}$ と $\overrightarrow{OB}$ だけを用いて，2通りで表す。

▶ $\begin{cases} \overrightarrow{OP} = a\overrightarrow{OA} + b\overrightarrow{OB} & \cdots\cdots ① \\ \overrightarrow{OP} = \alpha\overrightarrow{OA} + \beta\overrightarrow{OB} & \cdots\cdots ② \end{cases}$

Step 2

①と②から
$a\overrightarrow{OA} + b\overrightarrow{OB} = \alpha\overrightarrow{OA} + \beta\overrightarrow{OB}$ がいえるので， ◀ $\overrightarrow{OP} = \overrightarrow{OP}$
Point 1.13 より $a = \alpha$ と $b = \beta$ が得られる！

この **Point 1.14** を用いて，実際に $\overrightarrow{OP}$ を求めてみよう。

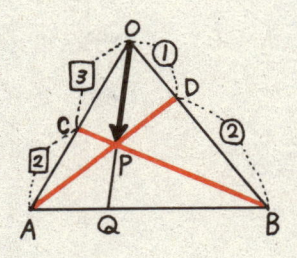

まず，**Step 1** より
$\overrightarrow{OP}$ を2通りで表さなければならないのだが
とりあえずよく分からないよね。

だけど，
次の［図①］や［図②］のように
CP : PB と AP : PD が分かっていたら
Point 1.5（内分の公式）を使って，
$\overrightarrow{OP}$ を2通りで表すことができるよね。

例えば [図①] のように
CP：PB が分かっていたら
$$\overrightarrow{OP} = \frac{1}{a+b}\left(b \cdot \frac{3}{5}\overrightarrow{OA} + a \cdot \overrightarrow{OB}\right) \quad \cdots\cdots Ⓐ$$
のように，◀ Point1.5
$\overrightarrow{OP}$ を式で表せる。

また，
例えば [図②] のように
AP：PD が分かっていたら
$$\overrightarrow{OP} = \frac{1}{c+d}\left(d \cdot \overrightarrow{OA} + c \cdot \frac{1}{3}\overrightarrow{OB}\right) \quad \cdots\cdots Ⓑ$$
のように，◀ Point1.5
$\overrightarrow{OP}$ を式で表せる。

このように CP：PB＝a：b，AP：PD＝c：d とおけばとりあえず ⒶとⒷのように $\overrightarrow{OP}$ を2通りで表すことができることが分かったね。

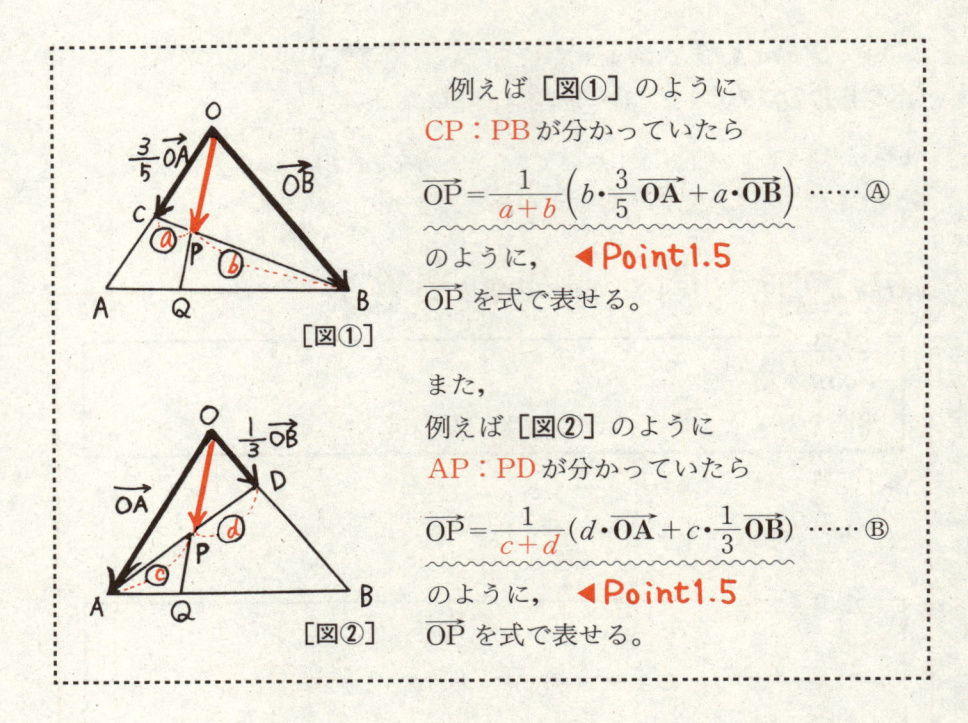

だけど，CP：PB＝a：b，AP：PD＝c：d という置き方をするとⒶとⒷには $\dfrac{1}{a+b}$ と $\dfrac{1}{c+d}$ という分数が入ってしまうので，その後の計算が大変になりそうだよね。

そこで，次の **Point 1.15**（線分の比の置き方）が必要になる。

Point 1.15 〈線分の比の置き方〉

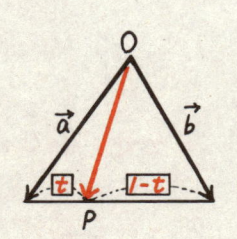

点 P が線分を □ : □ に内分しているのか分からないときは，内分比を左図のように
$t : 1-t$（または $1-t : t$）
とおけ！ ◀ P.46の[参考事項]を見よ

▶ $t : 1-t$ とおく理由について

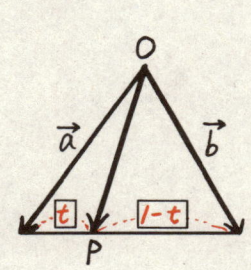

左図のように 点 P の内分比を $t : 1-t$ とおく と，

$\overrightarrow{OP} = \dfrac{1}{t+(1-t)}\{(1-t)\vec{a} + t\vec{b}\}$ ◀ Point 1.5

$= \dfrac{1}{1}\{(1-t)\vec{a} + t\vec{b}\}$

$= (1-t)\vec{a} + t\vec{b}$ のように分母がなくなりキレイな式が得られるから！

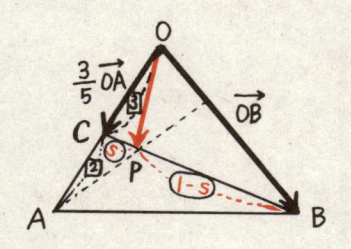

[図1]

まず，**Point 1.15** に従って
$CP : PB = s : 1-s$ とおく と ◀ [図1]を見よ
Point 1.5 より

$\overrightarrow{OP} = \dfrac{1}{s+(1-s)}\left\{(1-s)\cdot\dfrac{3}{5}\overrightarrow{OA} + s\overrightarrow{OB}\right\}$

$= \dfrac{1}{1}\left\{(1-s)\dfrac{3}{5}\overrightarrow{OA} + s\overrightarrow{OB}\right\}$ ◀ 分母がなくなった！

$= (1-s)\dfrac{3}{5}\overrightarrow{OA} + s\overrightarrow{OB}$ ……① ◀ $\overrightarrow{OP}$を1通り表すことができた！

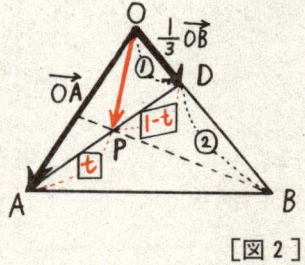

$\boxed{\text{AP}:\text{PD}=t:1-t \text{ とおく}}$ と ◀[図2]を見よ
Point 1.5 より

$$\overrightarrow{\text{OP}}=\frac{1}{t+(1-t)}\left\{(1-t)\overrightarrow{\text{OA}}+t\cdot\frac{1}{3}\overrightarrow{\text{OB}}\right\}$$

$$=\frac{1}{1}\left\{(1-t)\overrightarrow{\text{OA}}+\frac{t}{3}\overrightarrow{\text{OB}}\right\}$$ ◀分母がなくなった！

$$=(1-t)\overrightarrow{\text{OA}}+\frac{t}{3}\overrightarrow{\text{OB}} \cdots\cdots ②$$ ◀$\overrightarrow{\text{OP}}$を2通りで表すことができた！

[図2]

とりあえず **Point 1.14** ($\overrightarrow{\text{OP}}$の求め方)の **Step 1** に従って $\overrightarrow{\text{OP}}$ を $\overrightarrow{\text{OA}}$ と $\overrightarrow{\text{OB}}$ だけを用いて2通りで表すことができたね。

次に，**Step 2** に従って①と②から関係式を導こう！

まず，①と②から，$\overrightarrow{\text{OP}}=\overrightarrow{\text{OP}}$ を考え

$$(1-s)\frac{3}{5}\overrightarrow{\text{OA}}+s\overrightarrow{\text{OB}}=(1-t)\overrightarrow{\text{OA}}+\frac{t}{3}\overrightarrow{\text{OB}} \cdots\cdots ③$$

が得られるよね。

さらに③から，**Point 1.13** を考え

$$\begin{cases}(1-s)\dfrac{3}{5}=1-t \cdots\cdots ④ & \blacktriangleleft (\overrightarrow{\text{OA}}\text{の係数})=(\overrightarrow{\text{OA}}\text{の係数}) \\ s=\dfrac{t}{3} \cdots\cdots ⑤ & \blacktriangleleft (\overrightarrow{\text{OB}}\text{の係数})=(\overrightarrow{\text{OB}}\text{の係数})\end{cases}$$

がいえるよね。◀sとtの連立方程式が得られた！

そこで，$s=\dfrac{t}{3}$ …⑤ を $(1-s)\dfrac{3}{5}=1-t$ …④ に代入すると， ◀tを求める

$④ \Leftrightarrow \left(1-\dfrac{t}{3}\right)\dfrac{3}{5}=1-t$ ◀$s=\dfrac{t}{3}$を代入してtだけの式にした

$\Leftrightarrow 3\left(1-\dfrac{t}{3}\right)=5(1-t)$ ◀両辺に5を掛けた

$\Leftrightarrow 3-t=5-5t$ ◀展開した

$\Leftrightarrow 4t=2 \quad \therefore \quad t=\dfrac{1}{2}$ ◀tを求めることができた！

よって，

$t = \dfrac{1}{2}$ を $\overrightarrow{OP} = (1-t)\overrightarrow{OA} + \dfrac{t}{3}\overrightarrow{OB}$ …② に代入すると， ◀ ④と⑤からsを求めてそれを①に代入してもよい

$\overrightarrow{OP} = \dfrac{1}{2}\overrightarrow{OA} + \dfrac{1}{6}\overrightarrow{OB}$ ◀ $\overrightarrow{OP}$ を求めることができた！

$\boxed{\overrightarrow{OQ} \text{ について}}$

とりあえず，**Point 1.14**（ベクトルの求め方）の **Step 1** に従って $\overrightarrow{OQ}$ を $\overrightarrow{OA}$ と $\overrightarrow{OB}$ を用いて2通りで表してみよう。

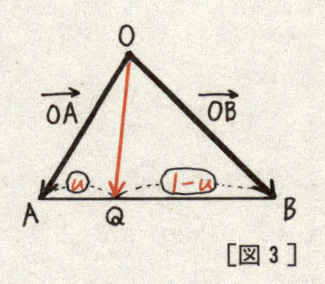

まず，AQ：QB が分からないので
Point 1.15 に従って
$\boxed{\text{AQ：QB}=u：1-u \text{ とおく}}$ と，
［図3］を考え
$\overrightarrow{OQ} = (1-u)\overrightarrow{OA} + u\overrightarrow{OB}$ ……⑥ ◀ Point 1.5
がいえる。 ◀ $\overrightarrow{OQ}$ を $\overrightarrow{OA}$ と $\overrightarrow{OB}$ を使って表せた！

［図3］

あとは $\overrightarrow{OQ}$ をもう1通りの形で表さなければならないのだが，**Point 1.15** はもう使えなさそうだよね。
そこで，次の **Point 1.16** が必要になる。

Point 1.16 〈3点が同一直線上にある条件〉

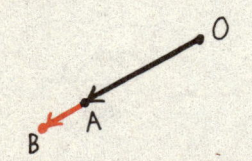

左図のように，
3点 O，A，B が同一直線上にあるとき，
$\overrightarrow{OB} = k\overrightarrow{OA}$ （k は適当な定数）
がいえる。

▶これは分かるよね？

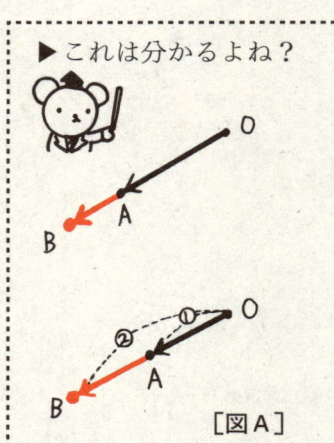

　左図のように
3点 O, A, B が同一直線上にあるとき，
$\overrightarrow{OA}$ を適当に何倍かすれば
$\overrightarrow{OA}$ は $\overrightarrow{OB}$ と一致するよね。

例えば [図A] の場合は，
$\overrightarrow{OA}$ を2倍すれば
$\overrightarrow{OA}$ は $\overrightarrow{OB}$ と一致するので
$\overrightarrow{OB}=2\overrightarrow{OA}$ がいえる。($k=2$ の場合)

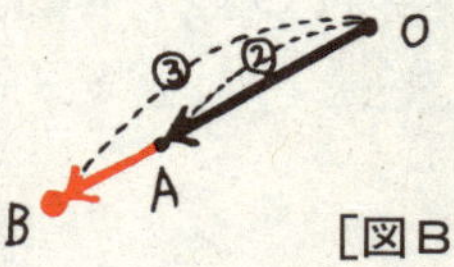

また，[図B] の場合は，
$\overrightarrow{OA}$ を $\dfrac{3}{2}$ 倍すれば
$\overrightarrow{OA}$ は $\overrightarrow{OB}$ と一致するので
$\overrightarrow{OB}=\dfrac{3}{2}\overrightarrow{OA}$ がいえる。$\left(k=\dfrac{3}{2}\text{ の場合}\right)$

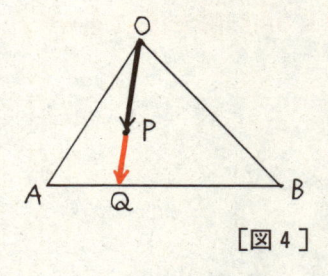

まず，[図4] を考え，**Point 1.16** より
$\boxed{\overrightarrow{OQ}=k\,\overrightarrow{OP}}$ ……⑦ とおけるよね。

よって，$\overrightarrow{OP}=\dfrac{1}{2}\overrightarrow{OA}+\dfrac{1}{6}\overrightarrow{OB}$ より

$\overrightarrow{OQ}=\dfrac{k}{2}\overrightarrow{OA}+\dfrac{k}{6}\overrightarrow{OB}$ ……⑦′

がいえる。　◀ $\overrightarrow{OQ}$ を $\overrightarrow{OA}$ と $\overrightarrow{OB}$ を使って表せた！

[図4]

とりあえず，**Point 1.14**（ベクトルの求め方）の **Step 1** に従って
$\overrightarrow{OQ}$ を $\overrightarrow{OA}$ と $\overrightarrow{OB}$ だけを用いて2通りで表すことができたね。

　次に，**Step 2** に従って⑥と⑦′から関係式を導こう！

まず，⑥と⑦′から，$\overrightarrow{OQ}=\overrightarrow{OQ}$ を考え

$(1-u)\overrightarrow{OA}+u\overrightarrow{OB}=\dfrac{k}{2}\overrightarrow{OA}+\dfrac{k}{6}\overrightarrow{OB}$ ……⑧

が得られるよね。

ベクトルの基本公式とその使い方について　*31*

さらに⑧から，**Point 1.13** を考え

$$\begin{cases} 1-u=\dfrac{k}{2} \cdots\cdots ⑨ \\ u=\dfrac{k}{6} \cdots\cdots ⑩ \end{cases}$$

◀（$\overrightarrow{OA}$の係数）＝（$\overrightarrow{OA}$の係数）
◀（$\overrightarrow{OB}$の係数）＝（$\overrightarrow{OB}$の係数）

がいえる。　◀ u と k の連立方程式が得られた！

あとは⑨と⑩から k を求めれば，$\overrightarrow{OQ}=k\overrightarrow{OP}$ ……⑦ より $\overrightarrow{OQ}$ を $\overrightarrow{OP}$ で表すことができるよね。

そこで，⑨と⑩から k を求めよう。

⑨＋⑩ より，◀ $(1-u)+u=1$ に着目して u を消去して k だけの式にする！

$$(1-u)+u=\dfrac{k}{2}+\dfrac{k}{6}$$

$\Leftrightarrow 1=\dfrac{4}{6}k \quad \therefore \quad k=\dfrac{3}{2}$　◀ k を求めることができた！

よって，$k=\dfrac{3}{2}$ を $\overrightarrow{OQ}=k\overrightarrow{OP}$ ……⑦ に代入すると，

$\overrightarrow{OQ}=\dfrac{3}{2}\overrightarrow{OP}$　◀ $\overrightarrow{OQ}$ を求めることができた！

[解答]

(1)

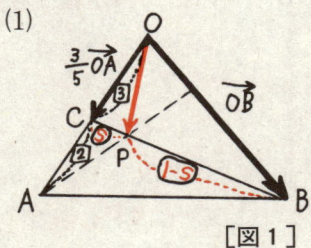

[図1]

$CP:PB=s:1-s$ とおく　と　◀ **Point 1.15**

$\overrightarrow{OP}=(1-s)\dfrac{3}{5}\overrightarrow{OA}+s\overrightarrow{OB}$ ……①　◀ **Point 1.5**

が得られる。　◀[図1]を見よ

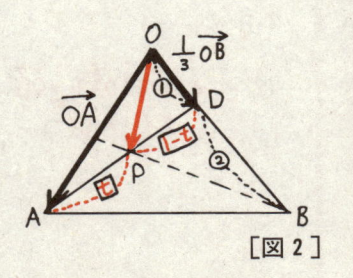

また，

$AP:PD=t:1-t$ とおく　と　◀ **Point 1.15**

$\overrightarrow{OP}=(1-t)\overrightarrow{OA}+\dfrac{t}{3}\overrightarrow{OB}$ ……②　◀ **Point 1.5**

が得られる。　◀[図2]を見よ

[図2]

①と②から，$\overrightarrow{OP}=\overrightarrow{OP}$ を考え
$(1-s)\dfrac{3}{5}\overrightarrow{OA}+s\overrightarrow{OB}=(1-t)\overrightarrow{OA}+\dfrac{t}{3}\overrightarrow{OB}$ ……③
が得られる。

さらに，
$\overrightarrow{OA}$ と $\overrightarrow{OB}$ は1次独立であることを考え，③より

$$\begin{cases}(1-s)\dfrac{3}{5}=1-t & \cdots\cdots④ \\ s=\dfrac{t}{3} & \cdots\cdots⑤\end{cases}$$
◀($\overrightarrow{OA}$の係数)=($\overrightarrow{OA}$の係数)
◀($\overrightarrow{OB}$の係数)=($\overrightarrow{OB}$の係数)

がいえる。 ◀Point 1.13

④と⑤から $t=\dfrac{1}{2}$ が得られるので ◀[考え方]参照

これを $\overrightarrow{OP}=(1-t)\overrightarrow{OA}+\dfrac{t}{3}\overrightarrow{OB}$ ……② に代入すると
$\overrightarrow{OP}=\dfrac{1}{2}\overrightarrow{OA}+\dfrac{1}{6}\overrightarrow{OB}$ ◀$\overrightarrow{OP}$を求めることができた！

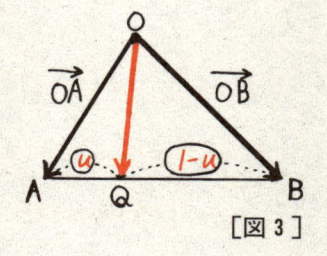

[図3]

$AQ:QB=u:1-u$ とおく と ◀Point 1.15
$\overrightarrow{OQ}=(1-u)\overrightarrow{OA}+u\overrightarrow{OB}$ ……⑥ ◀Point 1.5
が得られる。

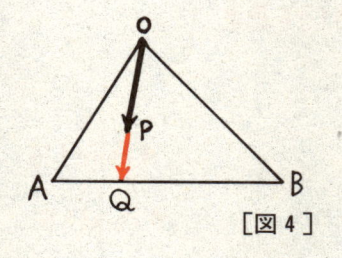

[図4]

また，

3点O，P，Qは同一直線上にあるので
$\overrightarrow{OQ}=k\overrightarrow{OP}$ ……⑦ とおける。 ◀Point 1.16

よって，$\overrightarrow{OP}=\dfrac{1}{2}\overrightarrow{OA}+\dfrac{1}{6}\overrightarrow{OB}$ を考え
$\overrightarrow{OQ}=\dfrac{k}{2}\overrightarrow{OA}+\dfrac{k}{6}\overrightarrow{OB}$ ……⑦′ ◀$\overrightarrow{OP}=\dfrac{1}{2}\overrightarrow{OA}+\dfrac{1}{6}\overrightarrow{OB}$を代入した
が得られる。

⑥と⑦'から $\overrightarrow{OQ} = \overrightarrow{OQ}$ を考え

$(1-u)\overrightarrow{OA} + u\overrightarrow{OB} = \dfrac{k}{2}\overrightarrow{OA} + \dfrac{k}{6}\overrightarrow{OB}$ ……⑧

が得られる。

さらに、
$\overrightarrow{OA}$ と $\overrightarrow{OB}$ は1次独立であることを考え、⑧より

$$\begin{cases} 1-u = \dfrac{k}{2} \quad \text{……⑨} \\ u = \dfrac{k}{6} \quad \text{……⑩} \end{cases}$$

◀($\overrightarrow{OA}$ の係数)=($\overrightarrow{OA}$ の係数)
◀($\overrightarrow{OB}$ の係数)=($\overrightarrow{OB}$ の係数)

がいえる。 ◀Point 1.13

⑨と⑩から $k = \dfrac{3}{2}$ が得られるので ◀[考え方]参照

これを $\overrightarrow{OQ} = k\overrightarrow{OP}$ ……⑦ に代入すると

$\overrightarrow{OQ} = \dfrac{3}{2}\overrightarrow{OP}$ ◀$\overrightarrow{OQ}$ を求めることができた！

[考え方]

(2) 問題文では、α と β の関係式を求めろ、といっているけれど
α と β の関係式なんて どうやって求めたらいいのか
よく分からないよね。

だけど、これは入試問題なんだから
(1)の結果が使えるはずだよね。 ◀Point 1.10

つまり、(1)で $\overrightarrow{OP}$ と $\overrightarrow{OQ}$ を求めたから
$\overrightarrow{OP}$ か $\overrightarrow{OQ}$ のどちらかが(2)で使えるはずだよね。

だけど、どちらが使えるのかは よく分からないので
とりあえず (2)の問題文を図示してみよう。

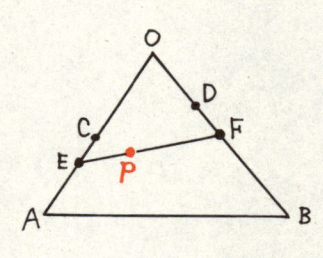

(2)の問題文の
「線分 AC 上に点 E，線分 BD 上に点 F をとり，
線分 EF が点 P を通るようにする」
を図示してみると
左図のようになるので，
$\overrightarrow{OP}$ が使えそうだよね。

(1)で求めた $\overrightarrow{OP} = \dfrac{1}{2}\overrightarrow{OA} + \dfrac{1}{6}\overrightarrow{OB}$ を使って関係式を求めるためには

Point 1.14 を考え，上図を見ながら

$\overrightarrow{OP}$ を $\overrightarrow{OA}$ と $\overrightarrow{OB}$ を使って(1)とは別の形で表せばいいよね。

そこで，上図を見ながら $\overrightarrow{OP}$ を $\overrightarrow{OA}$ と $\overrightarrow{OB}$ を用いて表してみよう。

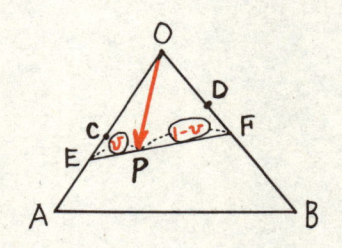

まず，EP：PF が分からないので
Point 1.15 に従って

$\boxed{EP : PF = v : 1-v \text{ とおく}}$ と，

$\overrightarrow{OP} = (1-v)\overrightarrow{OE} + v\overrightarrow{OF}$ ◀ Point 1.5

が得られる。 ◀ とりあえず $\overrightarrow{OP}$ を式で表せた

さらに，問題文から

$\begin{cases} \overrightarrow{OE} = a\overrightarrow{OC} \\ \quad = a \cdot \dfrac{3}{5}\overrightarrow{OA} \quad ◀ \overrightarrow{OC} = \dfrac{3}{5}\overrightarrow{OA} \text{を代入した} \\ \overrightarrow{OF} = \beta\overrightarrow{OD} \\ \quad = \beta \cdot \dfrac{1}{3}\overrightarrow{OB} \quad ◀ \overrightarrow{OD} = \dfrac{1}{3}\overrightarrow{OB} \text{を代入した} \end{cases}$

がいえるので，

$\overrightarrow{OP} = (1-v)\overrightarrow{OE} + v\overrightarrow{OF}$

$\quad = (1-v)a \cdot \dfrac{3}{5}\overrightarrow{OA} + v\beta \cdot \dfrac{1}{3}\overrightarrow{OB}$

が得られた。 ◀ $\overrightarrow{OP}$ を(1)の $\overrightarrow{OP} = \dfrac{1}{2}\overrightarrow{OA} + \dfrac{1}{6}\overrightarrow{OB}$ とは別の形で表せた！

よって，(1)で求めた $\overrightarrow{OP} = \frac{1}{2}\overrightarrow{OA} + \frac{1}{6}\overrightarrow{OB}$ を考え

$(1-v)\alpha \cdot \frac{3}{5}\overrightarrow{OA} + v\beta \cdot \frac{1}{3}\overrightarrow{OB} = \frac{1}{2}\overrightarrow{OA} + \frac{1}{6}\overrightarrow{OB}$ ……(*)　◀ $\overrightarrow{OP} = \overrightarrow{OP}$

が得られる。　◀ Point 1.13 の形がつくれた！

さらに(*)から，**Point 1.13** を考え

$$\begin{cases} (1-v)\alpha \cdot \frac{3}{5} = \frac{1}{2} \quad \cdots\cdots ⓐ \\ v\beta \cdot \frac{1}{3} = \frac{1}{6} \quad \cdots\cdots ⓑ \end{cases}$$
◀ ($\overrightarrow{OA}$の係数)＝($\overrightarrow{OA}$の係数)
◀ ($\overrightarrow{OB}$の係数)＝($\overrightarrow{OB}$の係数)

がいえる。　◀ αとβの関係式を求めることができた！

あとは ⓐ と ⓑ から不要な v を消去すれば　◀ vは僕らが勝手に使っている文字
αとβの関係式を求めることができるよね。

そこで，v の消去の仕方について考えよう。

まず，式の形に着目すると，

$(1-v)\alpha \cdot \frac{3}{5} = \frac{1}{2}$ ……ⓐ を $1-v$ について解いて
$1-v = \boxed{}$ ……ⓐ′ の形にし，

$v\beta \cdot \frac{1}{3} = \frac{1}{6}$ ……ⓑ を v について解いて
$v = \boxed{}$ ……ⓑ′ の形にすることが簡単にできる。
ⓐ′とⓑ′のような形であれば，ⓐ′とⓑ′を加えることにより
(左辺)＝$(1-v)+v$
　　　＝1 のように簡単に v を消去することができる　よね。

そこで，上のような**式の特殊性**に着目して
ⓐとⓑから v を消去してみよう。　◀ 普通はⓑをvについて解き，それを
　　　　　　　　　　　　　　　　　ⓐに代入することにより v を消去する

$(1-v)\alpha \cdot \dfrac{3}{5} = \dfrac{1}{2}$ ……ⓐ

$\Leftrightarrow (1-v)\alpha = \dfrac{5}{6}$ ◀両辺に $\dfrac{5}{3}$ を掛けた

$\Leftrightarrow 1-v = \dfrac{5}{6}\cdot\dfrac{1}{\alpha}$ ……ⓐ' ◀両辺をα[≠0]で割って 1−v について解いた！

$v\beta \cdot \dfrac{1}{3} = \dfrac{1}{6}$ ……ⓑ

$\Leftrightarrow v\beta = \dfrac{1}{2}$ ◀両辺に3を掛けた

$\Leftrightarrow v = \dfrac{1}{2}\cdot\dfrac{1}{\beta}$ ……ⓑ' ◀両辺をβ[≠0]で割って v について解いた！

よって，ⓐ'+ⓑ' を考え， ◀(1−v)+v=1 に着目して v を消去する！

$(1-v)+v = \dfrac{5}{6}\cdot\dfrac{1}{\alpha} + \dfrac{1}{2}\cdot\dfrac{1}{\beta}$

$\Leftrightarrow 1 = \dfrac{5}{6}\cdot\dfrac{1}{\alpha} + \dfrac{1}{2}\cdot\dfrac{1}{\beta}$ ◀v が消えてαとβだけの関係式になった！

$\Leftrightarrow 1 = \dfrac{1}{6}\left(\dfrac{5}{\alpha} + \dfrac{3}{\beta}\right)$ ◀$1 = \dfrac{1}{\square}\left(\dfrac{\square}{\alpha} + \dfrac{\square}{\beta}\right)$ の形にするために $\dfrac{1}{6}$ でくくった！

$\therefore \dfrac{1}{6}\left(\dfrac{5}{\alpha} + \dfrac{3}{\beta}\right) = 1$

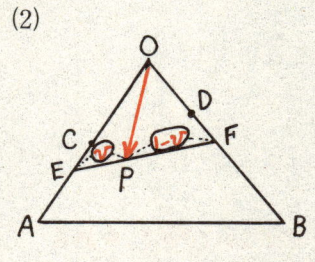

[解答]
(2)

$EP:PF = v:1-v$ とおく と ◀Point 1.15

$\overrightarrow{OP} = (1-v)\overrightarrow{OE} + v\overrightarrow{OF}$ ◀Point 1.5

$\qquad = (1-v)\cdot\dfrac{3}{5}\alpha\overrightarrow{OA} + v\cdot\dfrac{1}{3}\beta\overrightarrow{OB}$

が得られる。

よって，(1)の $\overrightarrow{OP} = \dfrac{1}{2}\overrightarrow{OA} + \dfrac{1}{6}\overrightarrow{OB}$ を考え

$(1-v)\cdot\dfrac{3}{5}\alpha\overrightarrow{OA} + v\cdot\dfrac{1}{3}\beta\overrightarrow{OB} = \dfrac{1}{2}\overrightarrow{OA} + \dfrac{1}{6}\overrightarrow{OB}$ ……(∗) ◀$\overrightarrow{OP} = \overrightarrow{OP}$

が得られる。

よって，$\vec{OA}$ と $\vec{OB}$ が１次独立であることを考え，(∗) から

$$\begin{cases} (1-v)\cdot\dfrac{3}{5}\alpha = \dfrac{1}{2} & \cdots\cdots ⓐ \\ v\cdot\dfrac{1}{3}\beta = \dfrac{1}{6} & \cdots\cdots ⓑ \end{cases}$$

◀ ($\vec{OA}$の係数)＝($\vec{OA}$の係数)
◀ ($\vec{OB}$の係数)＝($\vec{OB}$の係数)

がいえる。 ◀ Point 1.13

さらに
ⓐから $1-v = \dfrac{5}{6}\cdot\dfrac{1}{\alpha}$ $\cdots\cdots$ⓐ′ ◀ 両辺に $\dfrac{5}{3}\cdot\dfrac{1}{\alpha}$ を掛けて $1-v$ について解いた

がいえ，

ⓑから $v = \dfrac{1}{2}\cdot\dfrac{1}{\beta}$ $\cdots\cdots$ⓑ′ ◀ 両辺に $3\cdot\dfrac{1}{\beta}$ を掛けて v について解いた

がいえるので，

ⓐ′＋ⓑ′ より ◀ $(1-v)+v = \underline{1}$ に着目して v を消去する！

$1 = \dfrac{5}{6}\cdot\dfrac{1}{\alpha} + \dfrac{1}{2}\cdot\dfrac{1}{\beta}$ ◀ α と β だけの関係式

∴ $\dfrac{1}{6}\left(\dfrac{5}{\alpha} + \dfrac{3}{\beta}\right) = 1$ ◀ $\dfrac{1}{6}$ でくくった

練習問題 3

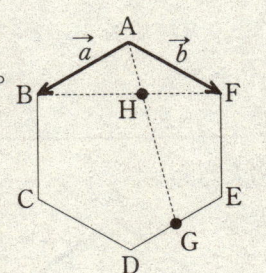

正六角形 ABCDEF において，
DE の中点を G，AG と BF の交点を H とする。
$\vec{AB} = \vec{a}$，$\vec{AF} = \vec{b}$ とおくとき，
次の問いに答えよ。
(1) $\vec{AD}$，$\vec{BF}$，$\vec{AE}$，$\vec{AG}$ を $\vec{a}$，$\vec{b}$ を用いて表せ。
(2) $\vec{AH}$ を $\vec{a}$，$\vec{b}$ を用いて表せ。

練習問題 4

平行四辺形 OPQR の辺 OP 上に点 A，辺 OR 上に点 B をとる。A を通って辺 OR に平行な直線と B を通って辺 OP に平行な直線との交点を C とし，線分 AR と線分 BP の交点を D とする。

(1) $\vec{OA} = \vec{a}$, $\vec{OB} = \vec{b}$, $\vec{OP} = s\vec{a}$, $\vec{OR} = t\vec{b}$ $(s>1, t>1)$ とするとき，$\vec{OD}$ を $\vec{a}$ と $\vec{b}$ で表せ。

(2) 3 点 D, C, Q が同一直線上にあることを示せ。　　　　［岩手大］

さて，ここで今までのまとめとして 次の応用問題をやってみよう。

例題 7

1 辺の長さが 1 の正五角形の頂点を右図のように A, B, C, D, E とし，$\vec{AB} = \vec{a}$, $\vec{AE} = \vec{b}$ とおく。
線分 BE の長さを t とするとき，

(1) $\vec{CD}$ を $\vec{a}$, $\vec{b}$, t を用いて表せ。
(2) $\vec{DE}$ を $\vec{a}$, $\vec{b}$, t を用いて 2 通りの方法で表すことにより，t の値を求めよ。

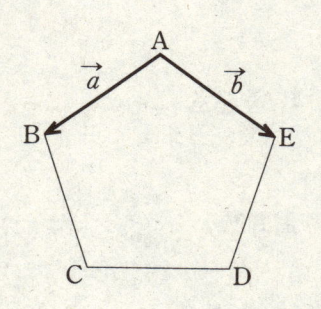

［新潟大］

[考え方]

(1)

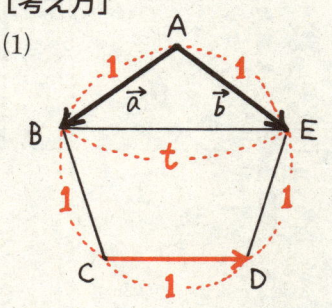

［図 1］

いきなり $\vec{CD}$ を求めろ，なんていわれてもよく分からないよね。

とりあえず

　ベクトルは**方向**と**大きさ**で決まる　ので

次のように，**Step 1** と **Step 2** に分けて考えてみよう。

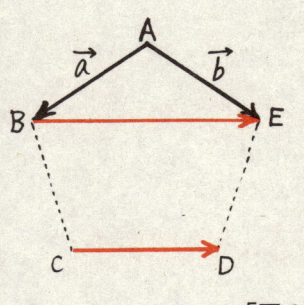

ベクトルの基本公式とその使い方について　39

[図2]

STEP1
$\overrightarrow{CD}$ の **方向** について

▶まず，[図2]を見ながら
$\overrightarrow{CD}$ の方向について考えよう。

[図2]より
$\overrightarrow{CD}$ は $\overrightarrow{BE}$ と同じ方向　……①
であることが分かるよね。

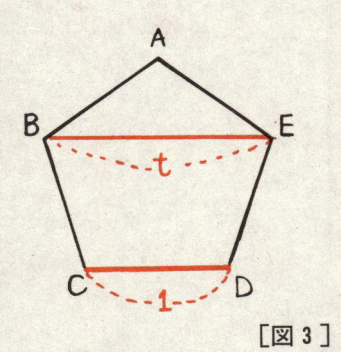

STEP2
$\overrightarrow{CD}$ の **大きさ** について

▶問題文から[図3]が得られるので
$\overrightarrow{BE}$ の大きさは t で
$\overrightarrow{CD}$ の大きさは 1　……②
であることが分かるよね。

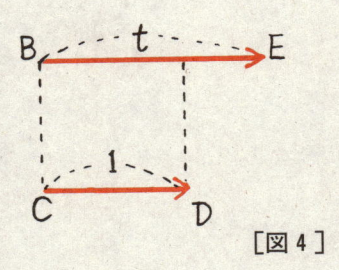

[図3]

①と②から[図4]が得られるので，
[図4]より
$\boxed{\overrightarrow{CD} \text{ を } t \text{ 倍すると } \overrightarrow{BE} \text{ になる}}$
ことが分かる。
よって，
$\boxed{t\overrightarrow{CD} = \overrightarrow{BE}}$ ◀「$\overrightarrow{CD}$ を t 倍すると $\overrightarrow{BE}$ になる」
がいえるので，
$\quad t\overrightarrow{CD} = \overrightarrow{BE}$

[図4]

$\Leftrightarrow \overrightarrow{CD} = \dfrac{1}{t}\overrightarrow{BE}$ ◀ $\overrightarrow{CD}$ について解いた

$\qquad = \dfrac{1}{t}(-\overrightarrow{AB} + \overrightarrow{AE})$ ◀ Point 1.9

$\qquad = \dfrac{1}{t}(-\vec{a} + \vec{b})$ ◀ $\overrightarrow{AB} = \vec{a}, \overrightarrow{AE} = \vec{b}$

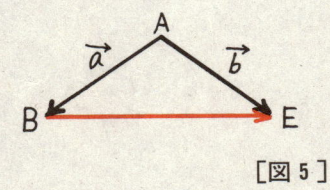

[図5]

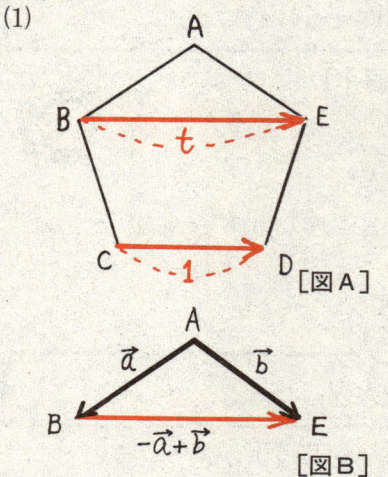

[解答]

(1)

[図A] から
$\boxed{t\vec{CD}=\vec{BE}}$ がいえるので

$\vec{CD}=\dfrac{1}{t}\vec{BE}$ ◀ $\vec{CD}$ について解いた

∴ $\vec{CD}=\dfrac{1}{t}(-\vec{a}+\vec{b})$ ◀ [図B] より
$\vec{BE}=-\vec{a}+\vec{b}$

[考え方]

(2) まず,問題文で
「$\vec{DE}$ を $\vec{a}$, $\vec{b}$, t を用いて2通りの方法で表すことにより,……」
といっているので,$\underline{\vec{DE} の2通りの表し方}$について考えよう。

$\boxed{\vec{DE} の1通りの表し方について}$

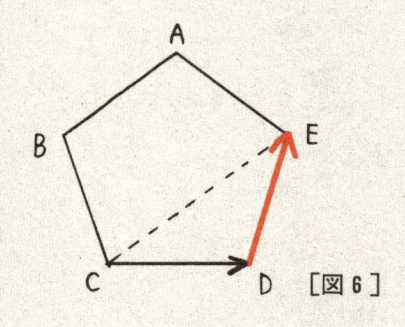

いきなり $\vec{DE}$ を求めるのは無理そうだよね。

だけど これは入試問題なので,

Point 1.10 を考え
(1)で求めた $\vec{CD}$ が(2)で使えるはずだよね。

そこで,まず

$\boxed{\vec{DE}\text{ と (1)で求めた }\vec{CD}\text{ の関係について}}$
考えてみよう。

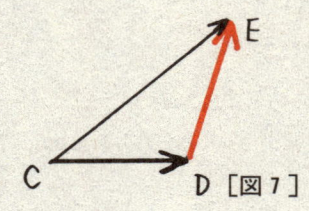

［図 7］を考え，$\vec{DE}$ と $\vec{CD}$ については
$$\boxed{\vec{CE}=\vec{CD}+\vec{DE}}$$
がいえるよね。 ◀ $\vec{DE}$ と(1)で求めた $\vec{CD}$ の関係式が求められた！

よって，
$\vec{DE}=\vec{CE}-\vec{CD}$ ◀ $\vec{DE}$ について解いた
$\phantom{\vec{DE}}=\vec{CE}-\dfrac{1}{t}(-\vec{a}+\vec{b})$ ……Ⓐ ◀(1)の結果を代入した！

が得られる。

Ⓐより，$\vec{DE}$ を求めるためには $\vec{CE}$ を求めればいい，ということが分かるよね。

そこで，$\vec{CE}$ について考えよう。

まず，［図 8］を考え
$$\boxed{\vec{CE}=t\vec{BA}}$$
◀「$\vec{BA}$ を t 倍すると $\vec{CE}$ になる」
がいえることが分かるよね。

よって，
$\vec{CE}=-t\vec{a}$ ◀ $\vec{BA}=-\vec{a}$ を代入した
がいえるので，

$\vec{DE}=\vec{CE}-\dfrac{1}{t}(-\vec{a}+\vec{b})$ ……Ⓐ
$\phantom{\vec{DE}}=-t\vec{a}-\dfrac{1}{t}(-\vec{a}+\vec{b})$ ◀ $\vec{CE}=-t\vec{a}$ を代入した
$\phantom{\vec{DE}}=-t\vec{a}+\dfrac{1}{t}\vec{a}-\dfrac{1}{t}\vec{b}$ ◀展開した
$\phantom{\vec{DE}}=\left(-t+\dfrac{1}{t}\right)\vec{a}-\dfrac{1}{t}\vec{b}$ ……ⓐ ◀ $\vec{DE}$ を $\vec{a}$, $\vec{b}$, t で表すことができた！

$\overrightarrow{DE}$ のもう1通りの表し方について

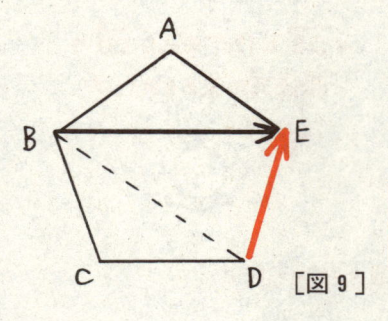

まず，(1)で $\overrightarrow{CD}$ を求める過程において
$\overrightarrow{BE} = -\vec{a} + \vec{b}$ ……(※) を求めているよね。

そこで，
$\overrightarrow{DE}$ と(1)で求めた $\overrightarrow{BE}$ の関係について考えてみよう。

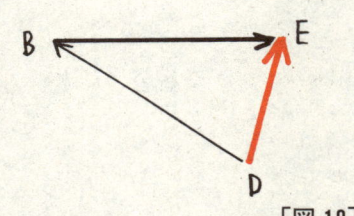

[図10]を考え，$\overrightarrow{DE}$ と $\overrightarrow{BE}$ については
$\overrightarrow{DE} = \overrightarrow{DB} + \overrightarrow{BE}$ ◀ $\overrightarrow{DE}$ と(1)で求めた $\overrightarrow{BE}$ の関係式が求められた！
がいえるよね。

よって，
$\overrightarrow{DE} = \overrightarrow{DB} - \vec{a} + \vec{b}$ ……⑧ ◀(※)を代入した！
[図10] が得られる。

⑧より，$\overrightarrow{DE}$ を求めるためには $\overrightarrow{DB}$ を求めればいい，ということが分かるよね。
そこで，$\overrightarrow{DB}$ について考えよう。

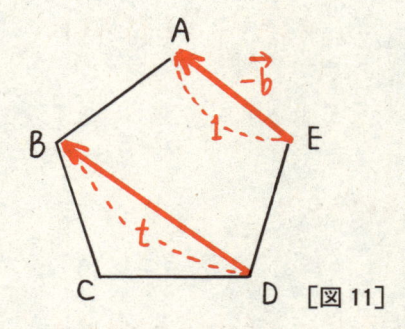

まず，[図11]を考え
$\overrightarrow{DB} = t\overrightarrow{EA}$ ◀「$\overrightarrow{EA}$ を t 倍すると $\overrightarrow{DB}$ になる」
がいえることが分かるよね。

よって，
$\overrightarrow{DB} = -t\vec{b}$ ◀ $\overrightarrow{EA} = -\vec{b}$ を代入した
がいえるので，

$\overrightarrow{DE} = \overrightarrow{DB} - \vec{a} + \vec{b}$ ……⑧
　　　$= -t\vec{b} - \vec{a} + \vec{b}$ ◀ $\overrightarrow{DB} = -t\vec{b}$ を代入した
　　　$= -\vec{a} + (-t+1)\vec{b}$ ……ⓑ ◀ $\overrightarrow{DE}$ を $\vec{a}, \vec{b}, t$ で表すことができた！

以上より，
$$\begin{cases} \overrightarrow{DE} = \left(-t + \dfrac{1}{t}\right)\vec{a} - \dfrac{1}{t}\vec{b} & \cdots\cdots ⓐ \\ \overrightarrow{DE} = -\vec{a} + (-t+1)\vec{b} & \cdots\cdots ⓑ \end{cases}$$
のように $\overrightarrow{DE}$ を $\vec{a}$, $\vec{b}$, t を用いて2通りで表すことができた！

よって，ⓐとⓑから，$\overrightarrow{DE} = \overrightarrow{DE}$ を考え
$$\left(-t + \dfrac{1}{t}\right)\vec{a} - \dfrac{1}{t}\vec{b} = -\vec{a} + (-t+1)\vec{b} \quad \cdots\cdots (★)$$
が得られるよね。

さらに，(★)から，**Point 1.13** を考え
$$\begin{cases} -t + \dfrac{1}{t} = -1 & \cdots\cdots ⓒ \quad \blacktriangleleft (\vec{a}\text{の係数}) = (\vec{a}\text{の係数}) \\ -\dfrac{1}{t} = -t + 1 & \cdots\cdots ⓓ \quad \blacktriangleleft (\vec{b}\text{の係数}) = (\vec{b}\text{の係数}) \end{cases}$$
がいえるよね。

そこで，

$-t + \dfrac{1}{t} = -1$ ……ⓒ の両辺を t 倍して分母を払う と　◀式を見やすくする！

$\quad -t^2 + 1 = -t$

$\Leftrightarrow t^2 - t - 1 = 0$ ……ⓒ′ が得られる。

同様に，

$-\dfrac{1}{t} = -t + 1$ ……ⓓ の両辺を t 倍して分母を払う と　◀式を見やすくする！

$\quad -1 = -t^2 + t$

$\Leftrightarrow t^2 - t - 1 = 0$ ……ⓓ′ が得られる。　◀ⓒ′と同じ式になった！

つまり，ⓒ′とⓓ′は同じ式なので
この問題では $t^2 - t - 1 = 0$ だけについて考えればいいことが分かる。

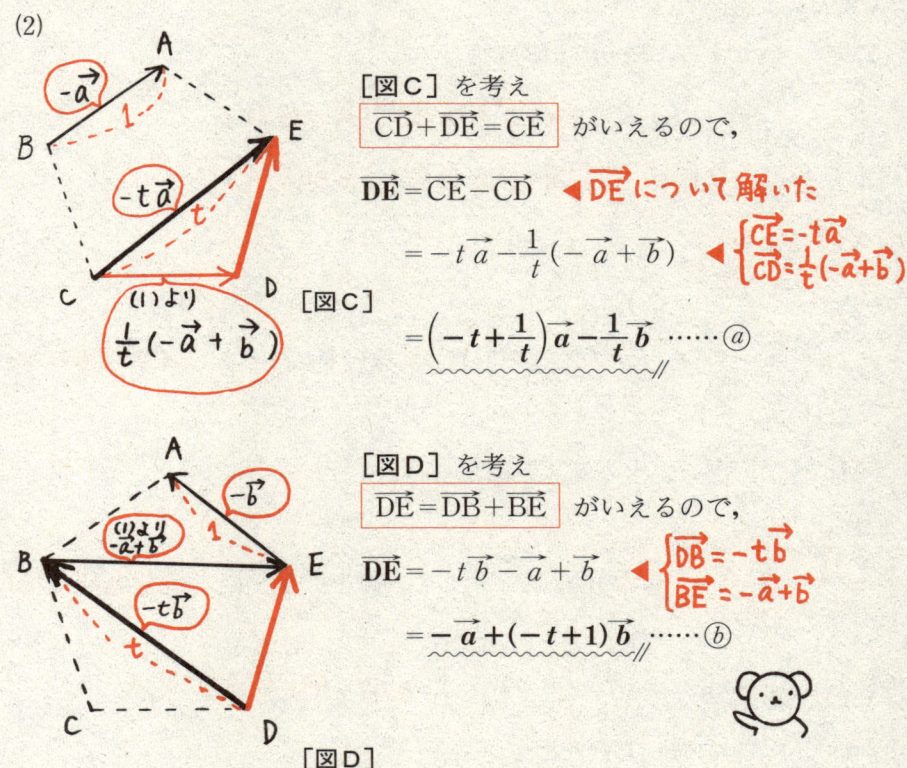

よって，
$$t^2-t-1=0$$
$\Leftrightarrow t=\dfrac{1\pm\sqrt{5}}{2}$ より ◀ $at^2+bt+c=0\ [a\neq 0]$ の解は $t=\dfrac{-b\pm\sqrt{b^2-4ac}}{2a}$

$t>0$ を考え， ◀ t は辺の長さなので 正である！

$t=\dfrac{1+\sqrt{5}}{2}$ が答えである。

[解答]
(2)

[図C] を考え
$\boxed{\overrightarrow{CD}+\overrightarrow{DE}=\overrightarrow{CE}}$ がいえるので，

$\overrightarrow{DE}=\overrightarrow{CE}-\overrightarrow{CD}$ ◀ $\overrightarrow{DE}$ について解いた

$\qquad =-t\vec{a}-\dfrac{1}{t}(-\vec{a}+\vec{b})$ ◀ $\begin{cases}\overrightarrow{CE}=-t\vec{a}\\ \overrightarrow{CD}=\dfrac{1}{t}(-\vec{a}+\vec{b})\end{cases}$

$\qquad =\left(-t+\dfrac{1}{t}\right)\vec{a}-\dfrac{1}{t}\vec{b}$ ……ⓐ

[図D] を考え
$\boxed{\overrightarrow{DE}=\overrightarrow{DB}+\overrightarrow{BE}}$ がいえるので，

$\overrightarrow{DE}=-t\vec{b}-\vec{a}+\vec{b}$ ◀ $\begin{cases}\overrightarrow{DB}=-t\vec{b}\\ \overrightarrow{BE}=-\vec{a}+\vec{b}\end{cases}$

$\qquad =-\vec{a}+(-t+1)\vec{b}$ ……ⓑ

[図D]

ベクトルの基本公式とその使い方について　45

ⓐとⓑから，$\overrightarrow{DE}=\overrightarrow{DE}$ を考え
$\left(-t+\dfrac{1}{t}\right)\vec{a}-\dfrac{1}{t}\vec{b}=-\vec{a}+(-t+1)\vec{b}$ が得られるので，
$\vec{a}$ と $\vec{b}$ が1次独立であることを考え

$$\begin{cases} -t+\dfrac{1}{t}=-1 \quad \cdots\cdots ⓒ \\ -\dfrac{1}{t}=-t+1 \quad \cdots\cdots ⓓ \end{cases}$$
◀($\vec{a}$の係数)=($\vec{a}$の係数)
◀($\vec{b}$の係数)=($\vec{b}$の係数)

がいえる。　◀Point 1.13

さらに，ⓒとⓓは同じ式なので　◀[考え方]参照．
$-t+\dfrac{1}{t}=-1$ ……ⓒ について考えれば十分である。

ⓒ $\Leftrightarrow -t^2+1=-t$ ◀両辺にtを掛けて分母を払った
　$\Leftrightarrow t^2-t-1=0$ ◀整理した
　$\Leftrightarrow t=\dfrac{1\pm\sqrt{5}}{2}$ より　◀$t=\dfrac{1\pm\sqrt{1+4}}{2}$

$t>0$ を考え，　◀tは辺の長さなので正である！

$t=\dfrac{1+\sqrt{5}}{2}$ //

[参考]　$\overrightarrow{DE}$ の別の求め方について

$\overrightarrow{DE}$ は次のようにも求めることができる。

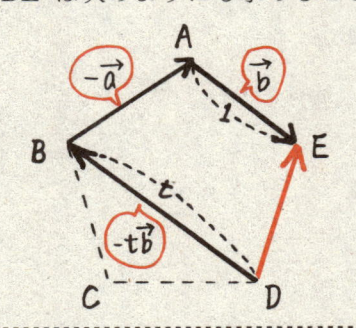

左図を考え
$\overrightarrow{DE}=\overrightarrow{DB}+\overrightarrow{BA}+\overrightarrow{AE}$
がいえるので，
$\overrightarrow{DE}=-t\vec{b}-\vec{a}+\vec{b}$ ◀左図を見よ
　　　$=-\vec{a}+(-t+1)\vec{b}$ //

練習問題5

1辺の長さが1の正五角形ABCDEがあり，ADとBEの交点をF，$\overrightarrow{AB} = \vec{a}$，$\overrightarrow{AE} = \vec{b}$，ADの長さを$l$とする。

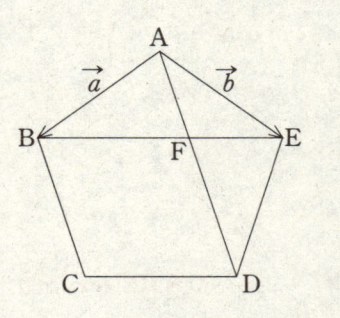

(1) $\overrightarrow{AD} = \vec{a} + l\vec{b}$ と表せることを証明せよ。
(2) l を求めよ。
(3) $\overrightarrow{BF}$ を $\vec{a}$，$\vec{b}$ で表せ。

［信州大］

練習問題6

原点Oを中心とする半径1の円に内接する正五角形$A_1A_2A_3A_4A_5$に対し，$\angle A_1OA_2 = \theta$，$\overrightarrow{OA_1} = \vec{a_1}$，$\overrightarrow{OA_2} = \vec{a_2}$，$\overrightarrow{OA_3} = \vec{a_3}$ とする。このとき，$\vec{a_3}$ を $\vec{a_1}$，$\vec{a_2}$，θ を用いて表せ。

［広島大］

［参考事項］ 〜Point 1.15 の補足〜

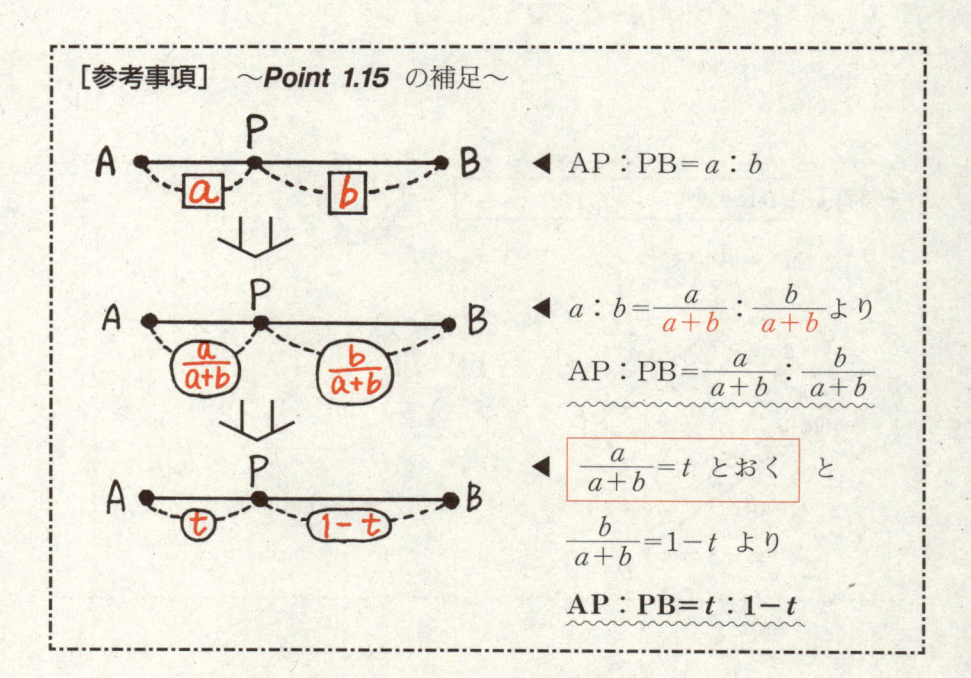

◀ $AP : PB = a : b$

◀ $a : b = \dfrac{a}{a+b} : \dfrac{b}{a+b}$ より

$AP : PB = \dfrac{a}{a+b} : \dfrac{b}{a+b}$

◀ $\boxed{\dfrac{a}{a+b} = t \text{ とおく}}$ と

$\dfrac{b}{a+b} = 1-t$ より

$AP : PB = t : 1-t$

Section 2 内積とその周辺の問題

　Section1ではベクトルの和と差について解説したが，この章ではベクトルの積について解説する。ベクトルの積は"内積"と"外積"の2種類が存在するのだが"外積"は主に大学で習うものなので大学入試で必要になるのは"内積"だけである。

[▶ただし，"外積"を知っていると便利なことも多いので余力のある人は『ベクトル[空間図形]が本当によくわかる本』で"外積"について確認しておいてください。]

　今後，あらゆる問題でこの章の知識が必要になってくるので1つ1つの公式をしっかり頭の中に入れながら読んでいくこと！

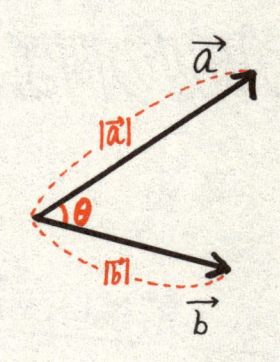

左図のように $\vec{a}$ と $\vec{b}$ のなす角を θ $(0° \leqq \theta \leqq 180°)$ とするとき, $\vec{a}$ と $\vec{b}$ の "積" を
$$\vec{a} \cdot \vec{b} = |\vec{a}||\vec{b}|\cos\theta$$
と定義し,
$\vec{a} \cdot \vec{b}$ を $\vec{a}$ と $\vec{b}$ の内積という。
ただし,
$|\vec{a}|$ は $\vec{a}$ の大きさを表す。

Point 2.1　〈ベクトルの内積の定義〉

$\vec{a}$ と $\vec{b}$ のなす角を θ $(0° \leqq \theta \leqq 180°)$ とおくと
$\vec{a}$ と $\vec{b}$ の内積 $\vec{a} \cdot \vec{b}$ は
$$\vec{a} \cdot \vec{b} = |\vec{a}||\vec{b}|\cos\theta$$
となる。

◀ $\vec{a}$ と $\vec{b}$ の内積は,($\vec{a}$ の大きさ)と($\vec{b}$ の大きさ)と $\cos\theta$ の積で表すことができる!

ここで, この **Point 2.1** を踏まえて次の問題をやってみよう。

例題 8

(1) $\vec{a}$ と $\vec{b}$ が垂直であるとき, $\vec{a} \cdot \vec{b}$ を求めよ。
(2) $\vec{a} \cdot \vec{a} = |\vec{a}|^2$ を示せ。

[考え方]
(1)

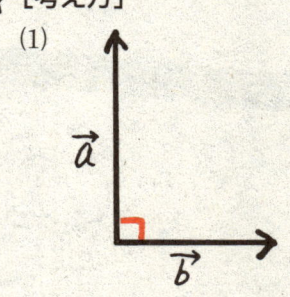

$\vec{a}$ と $\vec{b}$ のなす角は 90° なので,
$\vec{a} \cdot \vec{b} = |\vec{a}||\vec{b}|\cos 90°$　◀ Point 2.1
　　　 $= |\vec{a}||\vec{b}| \cdot 0$　◀ $\cos 90° = 0$
　　　 $= \underline{0}$

内積とその周辺の問題　49

この問題から，2つのベクトルが垂直であるための条件は $\vec{a}\cdot\vec{b}=0$ であることが分かった！

この条件は非常によく使うものなので必ず覚えておこう。

Point 2.2 〈2つのベクトルが垂直であるための条件〉

$\vec{a}\neq\vec{0}$, $\vec{b}\neq\vec{0}$ のとき，
$\vec{a}\perp\vec{b} \Leftrightarrow \vec{a}\cdot\vec{b}=0$

▶ $\vec{a}\perp\vec{b}$ は「$\vec{a}$ と $\vec{b}$ が垂直である」ということを意味している。

[解答]
(1) $\vec{a}\cdot\vec{b}=0$ //

[考え方]
(2) まず，$\vec{a}\cdot\vec{a}$ について考えるために

Point 2.1 の $\vec{a}\cdot\vec{b}=|\vec{a}||\vec{b}|\cos\theta$ の $\vec{b}$ を $\vec{a}$ に書き直すと

$\vec{a}\cdot\vec{a}=|\vec{a}||\vec{a}|\cos 0°$　◀ $\vec{a}$ と $\vec{a}$ のなす角は $0°$ である！

が得られるので，

$\vec{a}\cdot\vec{a}=|\vec{a}||\vec{a}|\cos 0°$
$\phantom{\vec{a}\cdot\vec{a}}=|\vec{a}||\vec{a}|$　◀ $\cos 0°=1$
$\phantom{\vec{a}\cdot\vec{a}}=|\vec{a}|^2$ となり

$\vec{a}\cdot\vec{a}=|\vec{a}|^2$ が示せた。

これも非常によく使うものなので必ず覚えておこう。

Point 2.3 〈内積の基本公式〉

$\vec{a}\cdot\vec{a}=|\vec{a}|^2$

[解答]
(2) $\vec{a}\cdot\vec{a} = |\vec{a}||\vec{a}|\cos 0°$ ◀Point 2.1
$= |\vec{a}|^2$ ◀ $\cos 0° = 1$ (q.e.d.)

ここで，
<u>$\vec{a}$ と $\vec{b}$ が成分で与えられている場合の $\vec{a}\cdot\vec{b}$ について解説しておこう。</u>

まず，次の **Point 2.4** と **Point 2.5** は必ず覚えておくこと！

$\vec{a}$ と $\vec{b}$ の成分が $\vec{a} = (\alpha, \beta)$, $\vec{b} = (x, y)$ のように
具体的に分かっているときには，
$\vec{a}\cdot\vec{b}$ [◀$\vec{a}$ と $\vec{b}$ の内積] は
次の **Point 2.4** のように書き直すことができるのである。

Point 2.4 〈ベクトルの内積（成分の場合）〉

$\vec{a} = (\alpha, \beta)$, $\vec{b} = (x, y)$ のとき
$\vec{a}\cdot\vec{b} = \alpha x + \beta y$ ◀ x座標とy座標をそれぞれ掛けて加える

同様に，
$\vec{a}$ の成分が $\vec{a} = (x, y)$ のように具体的に分かっているときには，
$|\vec{a}|$ [◀$\vec{a}$ の大きさ] は次の**Point 2.5**のように書き直すことができるのである。

Point 2.5 〈ベクトルの大きさ〉

$\vec{a} = (x, y)$ のとき，$|\vec{a}| = \sqrt{x^2 + y^2}$ がいえる。

以上の **Point** を踏まえて次の問題をやってみよう。

例題 9

次の $\vec{a}$ と $\vec{b}$ のなす角 θ $(0° \leqq \theta \leqq 180°)$ を求めよ。
(1) $\vec{a} = (1, 1)$, $\vec{b} = (-1+\sqrt{3}, -1-\sqrt{3})$
(2) $\vec{a} = (3, 5)$, $\vec{b} = (-5, 3)$

[考え方]

まず，次の **Point 2.6** は常識にしておこう。

Point 2.6 〈ベクトルのなす角の求め方〉

ベクトルのなす角を求める問題では
内積 [▶ $\vec{a} \cdot \vec{b} = |\vec{a}||\vec{b}|\cos\theta$] を使って求めよ！

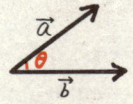

この **Point 2.6** を踏まえて実際になす角 θ を求めてごらん。

[解答]

(1) $\vec{a} \cdot \vec{b} = |\vec{a}||\vec{b}|\cos\theta$ ◀ Point 2.1
$\Leftrightarrow (1, 1) \cdot (-1+\sqrt{3}, -1-\sqrt{3}) = \sqrt{1^2+1^2}\sqrt{(-1+\sqrt{3})^2+(-1-\sqrt{3})^2}\cos\theta$ ◀ Point 2.5
$\Leftrightarrow 1 \cdot (-1+\sqrt{3}) + 1 \cdot (-1-\sqrt{3}) = \sqrt{1+1}\sqrt{1-2\sqrt{3}+3+1+2\sqrt{3}+3}\cos\theta$ ◀ Point 2.4
$\Leftrightarrow -2 = 4\cos\theta$ ◀ $-1+\sqrt{3}-1-\sqrt{3} = \sqrt{2}\sqrt{8}\cos\theta$
$\Leftrightarrow \cos\theta = -\dfrac{1}{2}$ ◀ $\cos\theta$ について解いた
$\therefore \theta = 120°$ ◀ $0° \leqq \theta \leqq 180°$ において $\cos\theta = -\dfrac{1}{2}$ を満たす θ は $120°$ だけである

(2) $\vec{a} \cdot \vec{b} = |\vec{a}||\vec{b}|\cos\theta$ ◀ Point 2.1
$\Leftrightarrow (3, 5) \cdot (-5, 3) = \sqrt{3^2+5^2}\sqrt{(-5)^2+3^2}\cos\theta$ ◀ Point 2.5
$\Leftrightarrow 3(-5) + 5 \cdot 3 = \sqrt{9+25}\sqrt{25+9}\cos\theta$ ◀ Point 2.4
$\Leftrightarrow 0 = 34\cos\theta$ ◀ $-15+15 = \sqrt{34}\sqrt{34}\cos\theta$
$\Leftrightarrow \cos\theta = 0$ ◀ $\cos\theta$ について解いた
$\therefore \theta = 90°$ ◀ $0° \leqq \theta \leqq 180°$ において $\cos\theta = 0$ を満たす θ は $90°$ だけである

練習問題 7

ベクトル $\vec{a}=(x^2-1,\ x-5,\ -x-1)$ が
2つのベクトル $\vec{b}=(x,\ x+1,\ -1),\ \vec{c}=(x+1,\ 2x-3,\ x)$ と
直交するとき，x の値と $\vec{b},\ \vec{c}$ のなす角 θ を求めよ。
ただし，$0°\leq\theta\leq 180°$ とする。　　　　　　　　[福島県立医大]

▶ 3次元のベクトルの内積の計算方法は，次の **Point 2.4′** のように
2次元のベクトルの内積の場合と全く同じである！

Point 2.4′　〈ベクトルの内積（成分の場合）〉

$\vec{a}=(\alpha,\ \beta,\ \gamma),\ \vec{b}=(x,\ y,\ z)$ のとき
$\vec{a}\cdot\vec{b}=\alpha x+\beta y+\gamma z$　◀ x座標とy座標とz座標をそれぞれ掛けて加える

ここで，「ベクトルの内積の展開公式」について解説しておこう。

まず，次のような普通の展開公式は知っているよね。

$(a+b)\cdot(x+y)=ax+ay+bx+by$ ……（*）

実は，ベクトルの内積の展開についても，
次の **Point 2.7** のように（*）とほとんど同じ形なのである。

Point 2.7　〈ベクトルの内積の展開公式 I〉

$(\vec{a}+\vec{b})\cdot(\vec{x}+\vec{y})=\vec{a}\cdot\vec{x}+\vec{a}\cdot\vec{y}+\vec{b}\cdot\vec{x}+\vec{b}\cdot\vec{y}$

以上のことを踏まえて次の問題をやってみよう。

内積とその周辺の問題　53

例題10

$|\vec{a}|=1$, $|\vec{b}|=2$ で $\vec{a}+\vec{b}$ と $5\vec{a}-2\vec{b}$ が垂直であるとき，
(1) $\vec{a}$, $\vec{b}$ のなす角 θ を求めよ。
(2) $|\vec{a}-\vec{b}|$ の値を求めよ。

[考え方]

(1) まず，
「$\vec{a}+\vec{b}$ と $5\vec{a}-2\vec{b}$ が垂直である」という条件について考えてみよう。

Point 2.2 より

$\vec{a}+\vec{b}$ と $5\vec{a}-2\vec{b}$ が垂直であるときには
$(\vec{a}+\vec{b})\cdot(5\vec{a}-2\vec{b})=0$ がいえる　よね。　◀ $\vec{x}\perp\vec{y} \Leftrightarrow \vec{x}\cdot\vec{y}=0$

さらに $(\vec{a}+\vec{b})\cdot(5\vec{a}-2\vec{b})=0$ を展開すると
$(\vec{a}+\vec{b})\cdot(5\vec{a}-2\vec{b})=0$
$\Leftrightarrow 5\vec{a}\cdot\vec{a}-2\vec{a}\cdot\vec{b}+5\vec{b}\cdot\vec{a}-2\vec{b}\cdot\vec{b}=0$ ◀ **Point 2.7**
$\Leftrightarrow 5\vec{a}\cdot\vec{a}-2\vec{a}\cdot\vec{b}+5\vec{a}\cdot\vec{b}-2\vec{b}\cdot\vec{b}=0$ ◀ $\vec{b}\cdot\vec{a}=\vec{a}\cdot\vec{b}$ [解答編P.57の《注1》を見よ]
$\Leftrightarrow 5|\vec{a}|^2+3\vec{a}\cdot\vec{b}-2|\vec{b}|^2=0$ ◀ **Point 2.3**
$\Leftrightarrow 5\cdot 1^2+3\vec{a}\cdot\vec{b}-2\cdot 2^2=0$ ◀ $|\vec{a}|=1$ と $|\vec{b}|=2$ を代入した
$\Leftrightarrow 3\vec{a}\cdot\vec{b}=3$ ◀ $5+3\vec{a}\cdot\vec{b}-8=0$
$\Leftrightarrow \vec{a}\cdot\vec{b}=1$ ……① が得られる。　◀ $\vec{a}\cdot\vec{b}$ の値が求められた！

よって，**Point 2.1** より
$\vec{a}\cdot\vec{b}=|\vec{a}||\vec{b}|\cos\theta$
$\Leftrightarrow 1=1\cdot 2\cos\theta$ ◀ $\vec{a}\cdot\vec{b}=1$ ……① と $|\vec{a}|=1$ と $|\vec{b}|=2$ を代入した
$\Leftrightarrow \cos\theta=\dfrac{1}{2}$ が得られるので，
$\theta=60°$ と分かる。　◀ $0°\leqq\theta\leqq 180°$ において $\cos\theta=\dfrac{1}{2}$ を満たす θ は $60°$ だけである

[解答]

(1) $(\vec{a}+\vec{b})\cdot(5\vec{a}-2\vec{b})=0$ ◀ Point 2.2
$\Leftrightarrow 5\vec{a}\cdot\vec{a}+3\vec{a}\cdot\vec{b}-2\vec{b}\cdot\vec{b}=0$ ◀ Point 2.7
$\Leftrightarrow 5|\vec{a}|^2+3\vec{a}\cdot\vec{b}-2|\vec{b}|^2=0$ ◀ Point 2.3
$\Leftrightarrow 5\cdot 1^2+3\vec{a}\cdot\vec{b}-2\cdot 2^2=0$ ◀ $|\vec{a}|=1$と$|\vec{b}|=2$を代入した
$\Leftrightarrow \vec{a}\cdot\vec{b}=1$ ……① より, ◀ $3\vec{a}\cdot\vec{b}=3$

$\vec{a}\cdot\vec{b}=|\vec{a}||\vec{b}|\cos\theta$ ◀ Point 2.1
$\Leftrightarrow 1=1\cdot 2\cos\theta$ ◀ $\vec{a}\cdot\vec{b}=1$ ……①と$|\vec{a}|=1$と$|\vec{b}|=2$を代入した
$\Leftrightarrow \cos\theta=\dfrac{1}{2}$

$\therefore \theta=60°$ ◀ $0°\leqq\theta\leqq 180°$において $\cos\theta=\dfrac{1}{2}$を満たすθは$60°$だけである

[考え方]

(2) まず,一般に

$|x\vec{a}+y\vec{b}|$ の形のままでは これ以上変形のしようがない, ということは必ず知っておこう。

[参考] ◀ One Point Lesson [P.108〜P.112] を見よ!

$\vec{a}$ と $\vec{b}$ の成分が分かっているときには,

例外的に $|x\vec{a}+y\vec{b}|$ を求めることができる!

例えば, $\vec{a}=(1,\ 1),\ \vec{b}=(1,\ 0)$ のとき,
$x\vec{a}+y\vec{b}=x(1,\ 1)+y(1,\ 0)$ ◀ $\vec{a}=(1,1)$と$\vec{b}=(1,0)$を代入した
$\qquad\qquad =(x,\ x)+(y,\ 0)$ ◀ $x(a,b)=(xa,xb)$
$\qquad\qquad =(x+y,\ x)$ より, ◀ $(a,b)+(c,d)=(a+c,b+d)$

$|x\vec{a}+y\vec{b}|=\sqrt{(x+y)^2+x^2}$ のように ◀ Point 2.5

$|x\vec{a}+y\vec{b}|$ を求めることができる。

そこで，次の公式が必要になる。

> **Point 2.8** 〈ベクトルの内積の展開公式Ⅱ〉
> $|x\vec{a}+y\vec{b}|^2 = x^2|\vec{a}|^2 + 2xy\vec{a}\cdot\vec{b} + y^2|\vec{b}|^2$

▶ **Point 2.8 の証明** (参考までに)

$|x\vec{a}+y\vec{b}|^2 = (x\vec{a}+y\vec{b})\cdot(x\vec{a}+y\vec{b})$ ◀ Point 2.3
$= x^2\vec{a}\cdot\vec{a} + xy\vec{a}\cdot\vec{b} + xy\vec{a}\cdot\vec{b} + y^2\vec{b}\cdot\vec{b}$ ◀ Point 2.7
$= x^2|\vec{a}|^2 + 2xy\vec{a}\cdot\vec{b} + y^2|\vec{b}|^2$ ◀ Point 2.3

$|\vec{a}-\vec{b}|$ のままではこれ以上変形できないので，**Point 2.8** を使うために $|\vec{a}-\vec{b}|$ を2乗してみる と，

$|\vec{a}-\vec{b}|^2 = |\vec{a}|^2 - 2\vec{a}\cdot\vec{b} + |\vec{b}|^2$ ◀ Point 2.8 を使って展開した
$= 1^2 - 2\cdot 1 + 2^2$ ◀ $|\vec{a}|=1$ と $|\vec{b}|=2$ と $\vec{a}\cdot\vec{b}=1$ ……① を代入した
$= 1 - 2 + 4$
$= 3$ ◀ $|\vec{a}-\vec{b}|$ の2乗の値を求めることができた！

よって，

$|\vec{a}-\vec{b}| = \sqrt{3}$ が得られた！ ◀ $|\vec{a}-\vec{b}|$ は $\vec{a}-\vec{b}$ の大きさを表しているので $-\sqrt{3}$(負)にはならない

[解答]
(2) $|\vec{a}-\vec{b}|^2 = |\vec{a}|^2 - 2\vec{a}\cdot\vec{b} + |\vec{b}|^2$ ◀ Point 2.8
$= 1^2 - 2\cdot 1 + 2^2$ ◀ $|\vec{a}|=1$ と $|\vec{b}|=2$ と $\vec{a}\cdot\vec{b}=1$ ……① を代入した
$= 3$ より
$|\vec{a}-\vec{b}| = \sqrt{3}$ //

例題 11

△ABO があって, AB=4, OA=6, OB=8, 内心を I とするとき,
(1) $\vec{OA} \cdot \vec{OB} = \boxed{}$
(2) $\vec{OI} = \boxed{} \vec{OA} + \boxed{} \vec{OB}$

[東京理科大]

[考え方]

(1) まず, $\vec{OA}$ と $\vec{OB}$ のなす角を θ とおくと

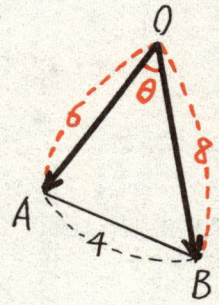

Point 2.1 より

$\vec{OA} \cdot \vec{OB} = |\vec{OA}||\vec{OB}|\cos\theta$
$= 6 \cdot 8 \cos\theta$ ◀ $|\vec{OA}|=6, |\vec{OB}|=8$
$= 48 \cos\theta$ …… ① がいえるよね。

さらに, △ABO の 3 辺の長さが分かっているので余弦定理を使えば $\cos\theta$ を求めることができるよね。

そこで, 実際に左図のような △ABO について余弦定理を使ってみると,

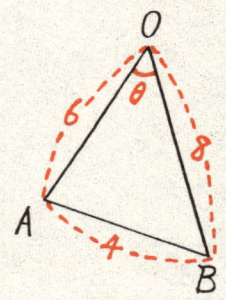

$\cos\theta = \dfrac{6^2 + 8^2 - 4^2}{2 \cdot 6 \cdot 8}$ ◀ 余弦定理 [(注1)を見よ]

$= \dfrac{36 + 64 - 16}{2 \cdot 6 \cdot 8}$

$= \dfrac{84}{2 \cdot 6 \cdot 8} = \dfrac{7}{8}$ が得られる。

よって, $\vec{OA} \cdot \vec{OB} = 48 \cos\theta$ …… ① より

$\vec{OA} \cdot \vec{OB} = 48 \cdot \dfrac{7}{8}$ ◀ ①に $\cos\theta = \dfrac{7}{8}$ を代入した

$= 42$ が得られた。 ◀ $\dfrac{48}{8} \cdot 7 = 6 \cdot 7 = 42$

（注１）

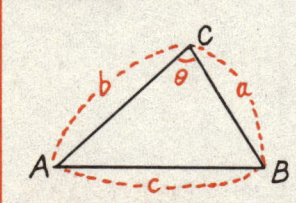

余弦定理

左図のとき

$$\cos\theta = \frac{a^2+b^2-c^2}{2ab}$$

◀ cosθは3辺の長さだけで表すことができる！

がいえる。

[解答]
(1) $\vec{OA}\cdot\vec{OB} = 6\cdot 8\cdot\dfrac{6^2+8^2-4^2}{2\cdot 6\cdot 8}$ ◀[考え方]参照

$= \dfrac{36+64-16}{2}$ ◀分母分子の6・8を約分した

$= 42$ ◀ $\dfrac{84}{2}$

また，次の[別解]のようにも求めることができる。

[別解]
(1) AB=4 から $|\vec{AB}|=4$ がいえる ので， ◀$|\vec{AB}|$=AB

$|\vec{AB}|=4$
$\Leftrightarrow |-\vec{OA}+\vec{OB}|=4$ ◀Point 1.9を使って$\vec{OA}$と$\vec{OB}$だけの式をつくった！
$\Leftrightarrow |-\vec{OA}+\vec{OB}|^2=4^2$ ◀計算できるように両辺を2乗した！
$\Leftrightarrow |\vec{OA}|^2-2\vec{OA}\cdot\vec{OB}+|\vec{OB}|^2=16$ ◀Point 2.8を使って展開した
$\Leftrightarrow 6^2-2\vec{OA}\cdot\vec{OB}+8^2=16$ ◀$|\vec{OA}|$=OA=6, $|\vec{OB}|$=OB=8
$\Leftrightarrow 2\vec{OA}\cdot\vec{OB}=84$ ◀36$-2\vec{OA}\cdot\vec{OB}+64=16$
$\therefore \vec{OA}\cdot\vec{OB}=42$

[考え方]
(2) $\vec{OI}$ は **Point 1.12**（三角形の内心の公式の一般形）を使えば一瞬で求められるよね！

[解答]
(2)

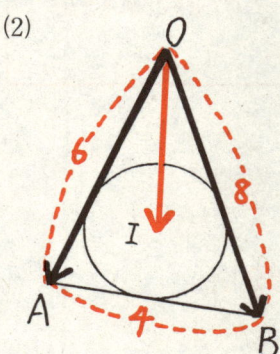

$$\vec{OI} = \frac{1}{4+6+8}(8\vec{OA} + 6\vec{OB})$$ ◀《注2》を見よ

$$= \frac{1}{18}(8\vec{OA} + 6\vec{OB})$$

$$= \frac{4}{9}\vec{OA} + \frac{1}{3}\vec{OB}$$ ◀ $\frac{8}{18}\vec{OA} + \frac{6}{18}\vec{OB}$

（注2） $\vec{OI} = \dfrac{1}{a+b+c}(a\vec{OA} + b\vec{OB})$ について

Point 1.12（内心の公式の一般形）より
△ABCの内心Iについて
$$\vec{OI} = \frac{1}{a+b+c}(a\vec{OA} + b\vec{OB} + c\vec{OC}) \cdots (*)$$
がいえるので、
この問題では △ABO であることを考え
$$\vec{OI} = \frac{1}{a+b+c}(a\vec{OA} + b\vec{OB} + c\vec{OC}) \cdots (*)$$ 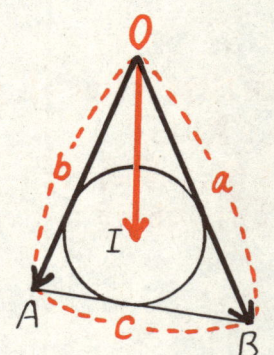
の C に O を代入すると、
$$\vec{OI} = \frac{1}{a+b+c}(a\vec{OA} + b\vec{OB} + c\vec{OO})$$
$$= \frac{1}{a+b+c}(a\vec{OA} + b\vec{OB})$$ ◀ $\vec{OO} = \vec{0}$

が得られる。

内積とその周辺の問題 59

― 例題 12 ―

△OAB において，OA=4，OB=2，AB=3 で，
$\overrightarrow{OA}=\vec{a}$，$\overrightarrow{OB}=\vec{b}$ とする。

(1) ∠AOB の二等分線と AB の交点を D とするとき，$\overrightarrow{OD}$ を $\vec{a}$，$\vec{b}$ で表せ。また，AB の中点を M とするとき，$\overrightarrow{OM}$ を $\vec{a}$，$\vec{b}$ で表せ。

(2) ∠AOB の二等分線と AB の垂直二等分線との交点を E とするとき，$\overrightarrow{OE}$ を $\vec{a}$，$\vec{b}$ で表せ。　　　　　　　　　　　[成城大]

[考え方]
(1)

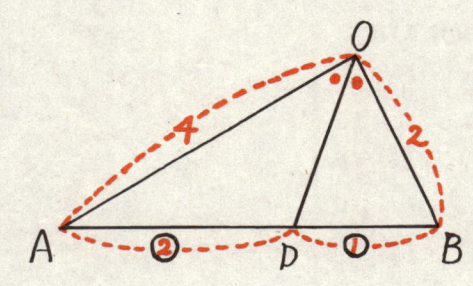

まず，
∠AOD＝∠BOD を考え，
Point 1.8 より
AD：DB＝4：2　◀ AD:DB=OA:OB
　　　　　　　＝2：1 がいえるよね。

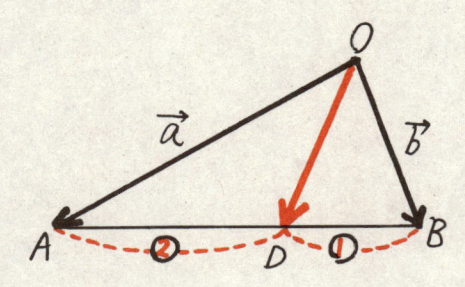

よって，**Point 1.5** より
$\overrightarrow{OD}=\dfrac{1}{2+1}(1\cdot\vec{a}+2\cdot\vec{b})$
　　　$=\dfrac{1}{3}(\vec{a}+2\vec{b})$ ……①
が得られる。

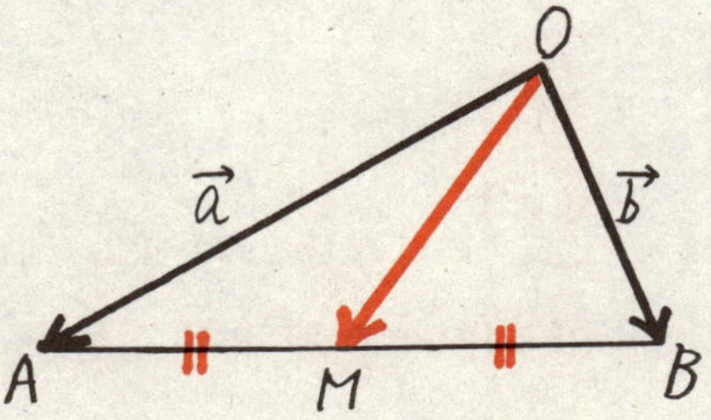

$\overrightarrow{OM}$ は簡単だよね。
Point 1.6 より
$\overrightarrow{OM}=\dfrac{1}{2}(\overrightarrow{OA}+\overrightarrow{OB})$
　　　$=\dfrac{1}{2}(\vec{a}+\vec{b})$ ……②
が得られる。

[解答]

(1) $AD:DB = 4:2 = 2:1$ より　◀ Point 1.8

$$\vec{OD} = \frac{1}{2+1}(1\cdot\vec{a} + 2\cdot\vec{b}) = \frac{1}{3}(\vec{a} + 2\vec{b})$$　◀ Point 1.5

$$\vec{OM} = \frac{1}{2}(\vec{a} + \vec{b})$$　◀ Point 1.6

[考え方]

(2) まず、

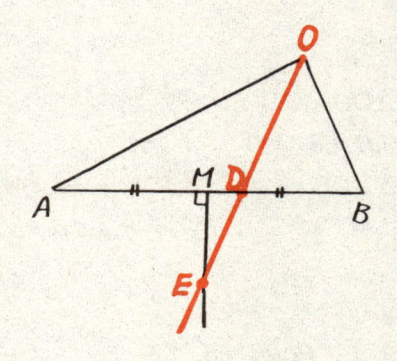

3点 O, D, E は同一直線上にあるので

Point 1.16 より

$$\vec{OE} = \frac{l}{3}(\vec{a} + 2\vec{b})$$　◀ $\vec{OE} = l\vec{OD}$

とおけるよね。

だけど、

$\vec{OE} = \frac{l}{3}(\vec{a} + 2\vec{b})$ の $\frac{l}{3}$ は分数なので

この形のままだと この後の計算が面倒くさくなりそうだよね。

そこで、$\boxed{\frac{l}{3} \text{ を } k \text{ と書き直す}}$ と　◀ l は僕らが勝手においた文字なので さらに $\frac{l}{3}$ を k とおいても 特に何の問題もない！

$$\vec{OE} = k(\vec{a} + 2\vec{b}) \quad \cdots\cdots ③$$

が得られる。

さらに

$\vec{OE}$ をもう1通りの形で表すことができたら

Point 1.14 を使って $\vec{OE}$ を求めることができるよね。

だけど、

この問題においては $\vec{OE}$ をもう1通りの形で表すのは難しそうだよね。

つまり、この問題では 今までのように **Point 1.14** を使って解くことができそうにないのである。

内積とその周辺の問題　61

そこで方針を変えて 
$\overrightarrow{OE}=k(\vec{a}+2\vec{b})$ ……③ の k を求めてみよう。　◀ 使える式は③しかないので！

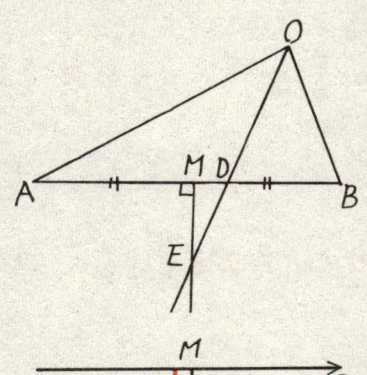

k を求めるためには
k の関係式を求めればいい　よね。

そこで，
左図を見ながら式をたててみよう。

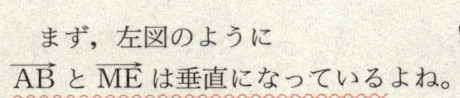

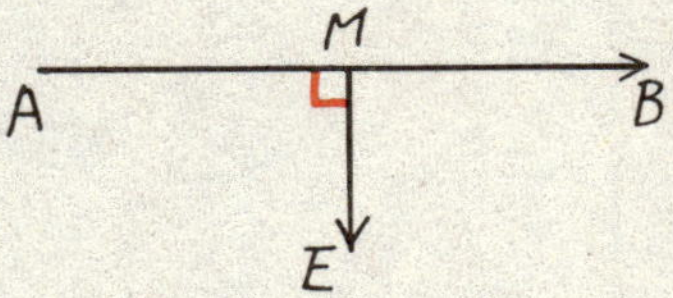

まず，左図のように
$\overrightarrow{AB}$ と $\overrightarrow{ME}$ は垂直になっているよね。

よって，**Point 2.2** より
$\overrightarrow{AB}\cdot\overrightarrow{ME}=0$ がいえる。

さらに，**Point 1.9** を使って $\overrightarrow{AB}$ と $\overrightarrow{ME}$ を $\vec{a},\ \vec{b}$ で表すと
$$\begin{cases}\overrightarrow{AB}=-\overrightarrow{OA}+\overrightarrow{OB}=-\vec{a}+\vec{b}\\ \overrightarrow{ME}=-\overrightarrow{OM}+\overrightarrow{OE}=-\frac{1}{2}(\vec{a}+\vec{b})+k(\vec{a}+2\vec{b})=\left(k-\frac{1}{2}\right)\vec{a}+\left(2k-\frac{1}{2}\right)\vec{b}\end{cases}$$
のようになるので，

$\overrightarrow{AB}\cdot\overrightarrow{ME}=0$
$\Leftrightarrow (-\vec{a}+\vec{b})\cdot\left\{\left(k-\frac{1}{2}\right)\vec{a}+\left(2k-\frac{1}{2}\right)\vec{b}\right\}=0$
$\Leftrightarrow -\left(k-\frac{1}{2}\right)|\vec{a}|^2-\left(2k-\frac{1}{2}\right)\vec{a}\cdot\vec{b}+\left(k-\frac{1}{2}\right)\vec{a}\cdot\vec{b}+\left(2k-\frac{1}{2}\right)|\vec{b}|^2=0$　◀ **Point2.7**
$\Leftrightarrow -\left(k-\frac{1}{2}\right)|\vec{a}|^2-k\vec{a}\cdot\vec{b}+\left(2k-\frac{1}{2}\right)|\vec{b}|^2=0$ ……(*)　◀ 整理した

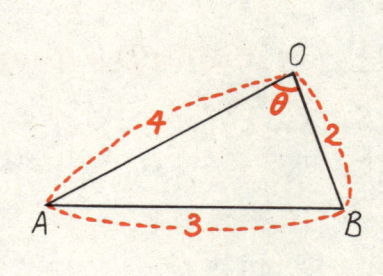

ここで,
$$\begin{cases} |\vec{a}|^2 = |\overrightarrow{OA}|^2 = 4^2 = 16 \\ |\vec{b}|^2 = |\overrightarrow{OB}|^2 = 2^2 = 4 \\ \vec{a} \cdot \vec{b} = |\vec{a}||\vec{b}|\cos\theta \\ \qquad = 4 \cdot 2 \cdot \dfrac{4^2+2^2-3^2}{2\cdot 4\cdot 2} \\ \qquad = \dfrac{11}{2} \end{cases}$$
◀ Point 2.1
◀ 余弦定理を使って $\cos\theta$ を求めた

を考え,

$$-\left(k-\frac{1}{2}\right)|\vec{a}|^2 - k\vec{a}\cdot\vec{b} + \left(2k-\frac{1}{2}\right)|\vec{b}|^2 = 0 \quad \cdots\cdots (*)$$

$\Leftrightarrow -\left(k-\dfrac{1}{2}\right)16 - \dfrac{11}{2}k + \left(2k-\dfrac{1}{2}\right)4 = 0$ ◀ $|\vec{a}|^2=16$ と $|\vec{b}|^2=4$ と $\vec{a}\cdot\vec{b}=\dfrac{11}{2}$ を代入した

$\Leftrightarrow -16k + 8 - \dfrac{11}{2}k + 8k - 2 = 0$ ◀ 展開した

$\Leftrightarrow \dfrac{27}{2}k = 6$ ◀ 整理した

$\therefore\ k = \dfrac{4}{9}$ ◀ k が求められた！

よって,
$\overrightarrow{OE} = k(\vec{a}+2\vec{b}) \ \cdots\cdots ③$ より

$\overrightarrow{OE} = \dfrac{4}{9}(\vec{a}+2\vec{b})$ ◀ ③に $k=\dfrac{4}{9}$ を代入した

[解答]

(2) 3点 O, D, E は同一直線上にあるので
$\overrightarrow{OE} = k(\vec{a}+2\vec{b})$ とおける。 ◀ Point 1.16

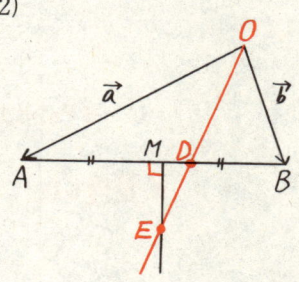

さらに $\overrightarrow{AB} \perp \overrightarrow{ME}$ を考え,
$\overrightarrow{AB} \cdot \overrightarrow{ME} = 0$ ◀ Point 2.2
$\Leftrightarrow (-\vec{a}+\vec{b}) \cdot \left\{\left(k-\dfrac{1}{2}\right)\vec{a} + \left(2k-\dfrac{1}{2}\right)\vec{b}\right\} = 0$
$\Leftrightarrow -\left(k-\dfrac{1}{2}\right)|\vec{a}|^2 - k\vec{a}\cdot\vec{b} + \left(2k-\dfrac{1}{2}\right)|\vec{b}|^2 = 0$

$$\Leftrightarrow -\left(k-\frac{1}{2}\right)16-\frac{11}{2}k+\left(2k-\frac{1}{2}\right)4=0 \quad \blacktriangleleft \text{[考え方]参照}$$

$$\Leftrightarrow \frac{27}{2}k=6 \quad \blacktriangleleft \text{展開して整理した}$$

$$\therefore \quad k=\frac{4}{9} \quad \blacktriangleleft k\text{が求められた！}$$

よって，

$$\overrightarrow{OE}=\frac{4}{9}(\vec{a}+2\vec{b}) \quad \blacktriangleleft \overrightarrow{OE}=k(\vec{a}+2\vec{b})\text{に}k=\frac{4}{9}\text{を代入した}$$

練習問題 8

O を原点とする xy 平面上のベクトル $\overrightarrow{OA}=(4,\ 0)$, $\overrightarrow{OB}=(0,\ 3)$ に対して，線分 AB を 2：3 に内分する点を C，OC の延長が △OAB の外接円と交わる点を P とする。また，△OAB の内心を I とする。

(1) 内心 I の座標を求めよ。
(2) 点 P の座標を求めよ。

▶練習問題 8 がよく分からない人は
One Point Lesson (P.107〜P.112) を読んでから
もう一度 考えてみて下さい。

練習問題 9

三角形 ABC において，$\overrightarrow{AB}=\vec{b}$，$\overrightarrow{AC}=\vec{c}$ とおき，さらに $\vec{b}\cdot\vec{c}=m$，$|\vec{b}|=b$，$|\vec{c}|=c$ とおく。

(1) 点 C から直線 AB におろした垂線の足を M とするとき，$\overrightarrow{AM}$ を $\vec{b}$ と m，b を用いて表せ。
(2) 直線 AB に関して，点 C と対称な点を D とするとき，$\overrightarrow{AD}$ を $\vec{b}$，$\vec{c}$ と m，b を用いて表せ。
(3) 直線 AC に関して，点 B と対称な点を E とするとき，$\overrightarrow{DE}$ を $\vec{b}$，$\vec{c}$ と m，b，c を用いて表せ。
(4) $\overrightarrow{DE}$ と $\overrightarrow{BC}$ が平行なとき，三角形 ABC はどのような三角形か。

練習問題 10

四角形 ABCD において AB：BC＝2：3，AD＝DC，∠ABC＝60° とする。

(1) 線分 BD が ∠ABC を二等分するとき，
$\overrightarrow{BD} = \boxed{} \overrightarrow{BA} + \boxed{} \overrightarrow{BC}$ である。

(2) BD と AC の交点を E とする。E が BE：ED＝2：1 を満たすとき，
$\overrightarrow{BD} = \boxed{} \overrightarrow{BA} + \boxed{} \overrightarrow{BC}$ である。 　　　　[センター試験]

さて，次に「**外心に関する問題**」をやっておこう。
[▶「**外心**」とは「**外接円の中心**」のことである。]

例題 13

三角形 OAB の外心を P とし，$\overrightarrow{OA} = \vec{a}$，$\overrightarrow{OB} = \vec{b}$ とし，
$\vec{a} \cdot \vec{b} = \dfrac{1}{2}$，$|\vec{a}| = 1$，$|\vec{b}| = 2$ とする。
$\overrightarrow{OP} = x\vec{a} + y\vec{b}$ とおくとき，x と y を求めよ。

[考え方]

まず，「**外心に関する問題**」では 次の当たり前のことが 非常に重要になる。

Point 2.9 〈外心の重要な性質〉

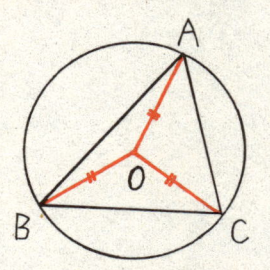

左図のように
△ABC の外心を O とおくと
$\underline{OA = OB = OC}$ ◀ **円の半径**
がいえる。

内積とその周辺の問題

この **Point 2.9** を踏まえて 実際に 例題13 を解いてみよう。

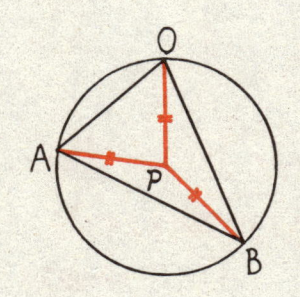

$\overrightarrow{OP} = x\vec{a} + y\vec{b}$ の x と y を求めるためには，式が2本必要 だよね。◀未知数が2つだから！

そこで，

Point 2.9（外心の重要な性質）を考え
$\begin{cases} |\overrightarrow{OP}| = |\overrightarrow{AP}| & \cdots\cdots ① \\ |\overrightarrow{OP}| = |\overrightarrow{BP}| & \cdots\cdots ② \end{cases}$ に着目して
2本の式をたててみよう。

$|\overrightarrow{OP}| = |\overrightarrow{AP}| \cdots\cdots ①$ について

まず，
$\overrightarrow{AP} = -\overrightarrow{OA} + \overrightarrow{OP}$ ◀Point 1.9
$\quad = (x-1)\vec{a} + y\vec{b}$ より ◀$-\vec{a} + (x\vec{a} + y\vec{b})$

$|x\vec{a} + y\vec{b}| = |(x-1)\vec{a} + y\vec{b}| \cdots\cdots ①'$ ◀$|\overrightarrow{OP}| = |\overrightarrow{AP}| \cdots\cdots ①$
がいえるよね。◀$\vec{a}$と$\vec{b}$だけの式に書き直した！

だけど，
$|x\vec{a} + y\vec{b}| = |(x-1)\vec{a} + y\vec{b}| \cdots\cdots ①'$
のままだと計算ができないので，

①'の両辺を2乗する と ◀Point 2.8 が使える形にする

$\quad |x\vec{a} + y\vec{b}|^2 = |(x-1)\vec{a} + y\vec{b}|^2$ ◀①'の両辺を2乗した

$\Leftrightarrow x^2|\vec{a}|^2 + 2xy\vec{a}\cdot\vec{b} + y^2|\vec{b}|^2 = (x-1)^2|\vec{a}|^2 + 2(x-1)y\vec{a}\cdot\vec{b} + y^2|\vec{b}|^2$ ◀Point2.8

$\Leftrightarrow x^2|\vec{a}|^2 + 2xy\vec{a}\cdot\vec{b} + y^2|\vec{b}|^2 = (x^2-2x+1)|\vec{a}|^2 + (2xy-2y)\vec{a}\cdot\vec{b} + y^2|\vec{b}|^2$ ◀展開した

$\Leftrightarrow 0 = (-2x+1)|\vec{a}|^2 - 2y\vec{a}\cdot\vec{b}$ ◀整理した

$\Leftrightarrow 0 = (-2x+1)\cdot 1^2 - 2y\cdot\dfrac{1}{2}$ ◀問題文の$|\vec{a}|=1$と$\vec{a}\cdot\vec{b}=\dfrac{1}{2}$を代入した

$\Leftrightarrow 0 = -2x + 1 - y$

$\therefore \underline{y = -2x + 1} \cdots\cdots ①''$ ◀xとyの関係式 が得られた！

$\boxed{|\overrightarrow{OP}|=|\overrightarrow{BP}| \cdots\cdots ②}$ について

$\overrightarrow{BP} = -\overrightarrow{OB} + \overrightarrow{OP}$ ◀ **Point 1.9**
$\quad = x\vec{a} + (y-1)\vec{b}$ より ◀ $-\vec{b}+(x\vec{a}+y\vec{b})$

$|x\vec{a}+y\vec{b}| = |x\vec{a}+(y-1)\vec{b}|$ ◀ $|\overrightarrow{OP}|=|\overrightarrow{BP}| \cdots\cdots ②$
がいえるので， ◀ $\vec{a}$ と $\vec{b}$ だけの式に書き直した！

$\quad |x\vec{a}+y\vec{b}|^2 = |x\vec{a}+(y-1)\vec{b}|^2$ ◀ 計算できるように 両辺を2乗した
$\Leftrightarrow x^2|\vec{a}|^2 + 2xy\vec{a}\cdot\vec{b} + y^2|\vec{b}|^2 = x^2|\vec{a}|^2 + 2x(y-1)\vec{a}\cdot\vec{b} + (y-1)^2|\vec{b}|^2$ ◀ **Point 2.8**
$\Leftrightarrow x^2|\vec{a}|^2 + 2xy\vec{a}\cdot\vec{b} + y^2|\vec{b}|^2 = x^2|\vec{a}|^2 + (2xy-2x)\vec{a}\cdot\vec{b} + (y^2-2y+1)|\vec{b}|^2$ ◀ 展開した
$\Leftrightarrow 0 = -2x\vec{a}\cdot\vec{b} + (-2y+1)|\vec{b}|^2$ ◀ 整理した
$\Leftrightarrow 0 = -2x\cdot\dfrac{1}{2} + (-2y+1)\cdot 2^2$ ◀ 問題文の $\vec{a}\cdot\vec{b}=\dfrac{1}{2}$ と $|\vec{b}|=2$ を代入した
$\Leftrightarrow 0 = -x - 8y + 4$
$\therefore \underwave{x = -8y+4} \cdots\cdots ②'$ ◀ x と y の関係式 が得られた！

あとは ①″ と ②′ から x と y を求めればいいよね。
$\begin{cases} y = -2x+1 \cdots\cdots ①'' \\ x = -8y+4 \cdots\cdots ②' \end{cases}$

$\boxed{①'' を ②' に代入する}$ と ◀ y を消去して x だけの式にする
$\quad x = -8(-2x+1) + 4$
$\Leftrightarrow x = 16x - 8 + 4$ ◀ 展開した
$\Leftrightarrow 15x = 4 \quad \therefore \underwave{x = \dfrac{4}{15}}$ ◀ x が求められた

$\boxed{x = \dfrac{4}{15} \text{ を ①}'' \text{ に代入する}}$ と ◀ x を消去して y を求める

$y = -2\cdot\dfrac{4}{15} + 1$
$\quad = -\dfrac{8}{15} + 1 \quad \therefore \underwave{y = \dfrac{7}{15}}$ ◀ y が求められた

[解答]

$|\overrightarrow{OP}|=|\overrightarrow{AP}|$ より ◀ Point 2.9

$|x\vec{a}+y\vec{b}|=|(x-1)\vec{a}+y\vec{b}|$ ◀ $\overrightarrow{AP}=-\overrightarrow{OA}+\overrightarrow{OP}$

$\Leftrightarrow |x\vec{a}+y\vec{b}|^2=|(x-1)\vec{a}+y\vec{b}|^2$ ◀ 計算できるように両辺を2乗した

$\Leftrightarrow x^2|\vec{a}|^2+2xy\vec{a}\cdot\vec{b}+y^2|\vec{b}|^2=(x-1)^2|\vec{a}|^2+2(x-1)y\vec{a}\cdot\vec{b}+y^2|\vec{b}|^2$ ◀ Point 2.8

$\Leftrightarrow 0=(-2x+1)|\vec{a}|^2-2y\vec{a}\cdot\vec{b}$ ◀ 展開して整理した

$\Leftrightarrow 0=(-2x+1)\cdot 1^2-2y\cdot\dfrac{1}{2}$ ◀ 問題文の $|\vec{a}|=1$ と $\vec{a}\cdot\vec{b}=\dfrac{1}{2}$ を代入した

$\therefore\ \underline{y=-2x+1}$ ……①

$|\overrightarrow{OP}|=|\overrightarrow{BP}|$ より ◀ Point 2.9

$|x\vec{a}+y\vec{b}|=|x\vec{a}+(y-1)\vec{b}|$ ◀ $\overrightarrow{BP}=-\overrightarrow{OB}+\overrightarrow{OP}$

$\Leftrightarrow |x\vec{a}+y\vec{b}|^2=|x\vec{a}+(y-1)\vec{b}|^2$ ◀ 計算できるように両辺を2乗した

$\Leftrightarrow x^2|\vec{a}|^2+2xy\vec{a}\cdot\vec{b}+y^2|\vec{b}|^2=x^2|\vec{a}|^2+2x(y-1)\vec{a}\cdot\vec{b}+(y-1)^2|\vec{b}|^2$ ◀ Point 2.8

$\Leftrightarrow 0=-2x\vec{a}\cdot\vec{b}+(-2y+1)|\vec{b}|^2$ ◀ 展開して整理した

$\Leftrightarrow 0=-2x\cdot\dfrac{1}{2}+(-2y+1)\cdot 2^2$ ◀ 問題文の $\vec{a}\cdot\vec{b}=\dfrac{1}{2}$ と $|\vec{b}|=2$ を代入した

$\therefore\ \underline{x=-8y+4}$ ……②

①と②より

$\underline{x=\dfrac{4}{15},\ y=\dfrac{7}{15}}$ // ◀ [考え方]参照

例題14

点Oを中心とする半径1の円周上に3点A, B, Cがあり,
$13\overrightarrow{OA} + 12\overrightarrow{OB} + 5\overrightarrow{OC} = \overrightarrow{0}$ を満たしている。
このとき, $\overrightarrow{OA} \cdot \overrightarrow{OC}$ を求めよ。

[考え方]

まず,
$13\overrightarrow{OA} + 12\overrightarrow{OB} + 5\overrightarrow{OC} = \overrightarrow{0}$ から
$|13\overrightarrow{OA} + 12\overrightarrow{OB} + 5\overrightarrow{OC}| = |\overrightarrow{0}|$ がいえるよね。 ◀ $\vec{a} = \vec{b} \Rightarrow |\vec{a}| = |\vec{b}|$

とりあえず, $|13\overrightarrow{OA} + 12\overrightarrow{OB} + 5\overrightarrow{OC}| = |\overrightarrow{0}|$ を2乗すれば
求めたい $\overrightarrow{OA} \cdot \overrightarrow{OC}$ が出てくることは分かるかい？

えっ，よく分からないって？
だって，

$(a+b+c)^2 = a^2+b^2+c^2+2(ab+bc+ca)$ という「基本公式」を使えば

$|13\overrightarrow{OA} + 12\overrightarrow{OB} + 5\overrightarrow{OC}|^2 = |\overrightarrow{0}|^2$ ◀ $|13\overrightarrow{OA} + 12\overrightarrow{OB} + 5\overrightarrow{OC}| = |\overrightarrow{0}|$ の両辺を2乗した
$\Leftrightarrow 13^2|\overrightarrow{OA}|^2 + 12^2|\overrightarrow{OB}|^2 + 5^2|\overrightarrow{OC}|^2$
$\quad + 2(13 \cdot 12\overrightarrow{OA} \cdot \overrightarrow{OB} + 12 \cdot 5\overrightarrow{OB} \cdot \overrightarrow{OC} + 13 \cdot 5\overrightarrow{OA} \cdot \overrightarrow{OC}) = 0$ ◀「基本公式」を使って展開した

のように $\overrightarrow{OA} \cdot \overrightarrow{OC}$ が出てくるでしょ。

だけど, この式は $\overrightarrow{OA} \cdot \overrightarrow{OC}$ だけの式ではなく
必要のない $\overrightarrow{OA} \cdot \overrightarrow{OB}$ と $\overrightarrow{OB} \cdot \overrightarrow{OC}$ も出てきてしまっているよね。

そこで, ちょっと頭を使って,

2乗しても $\overrightarrow{OA} \cdot \overrightarrow{OB}$ と $\overrightarrow{OB} \cdot \overrightarrow{OC}$ が出てこないようにするために
$13\overrightarrow{OA} + 12\overrightarrow{OB} + 5\overrightarrow{OC} = \overrightarrow{0}$ を
$13\overrightarrow{OA} + 5\overrightarrow{OC} = -12\overrightarrow{OB}$ ◀ $\overrightarrow{OA} \cdot \overrightarrow{OB}$ と $\overrightarrow{OB} \cdot \overrightarrow{OC}$ が出ないようにするために左辺を $\overrightarrow{OA}$ と $\overrightarrow{OC}$ だけの式にした！
と変形してみよう。

えっ，なぜかって？

だって，
$13\overrightarrow{OA} + 5\overrightarrow{OC} = -12\overrightarrow{OB}$ から
$|13\overrightarrow{OA} + 5\overrightarrow{OC}| = |-12\overrightarrow{OB}|$ がいえるので， ◀ $\vec{a} = \vec{b} \Rightarrow |\vec{a}| = |\vec{b}|$

$|13\overrightarrow{OA} + 5\overrightarrow{OC}| = |-12\overrightarrow{OB}|$ を2乗すれば
$|13\overrightarrow{OA} + 5\overrightarrow{OC}|^2 = |-12\overrightarrow{OB}|^2$ ◀ $\overrightarrow{OA} \cdot \overrightarrow{OC}$ が出てくるように 両辺を2乗した
$\Leftrightarrow 13^2|\overrightarrow{OA}|^2 + 2 \cdot 13 \cdot 5 \overrightarrow{OA} \cdot \overrightarrow{OC} + 5^2|\overrightarrow{OC}|^2 = (-12)^2|\overrightarrow{OB}|^2$ ◀ Point 2.8
$\Leftrightarrow 169 \cdot 1^2 + 130 \overrightarrow{OA} \cdot \overrightarrow{OC} + 25 \cdot 1^2 = 144 \cdot 1^2$ ◀ $|\overrightarrow{OA}| = |\overrightarrow{OB}| = |\overrightarrow{OC}| = 1$

のように $\overrightarrow{OA} \cdot \overrightarrow{OC}$ だけの式が得られるでしょ。

[▶左辺には $\overrightarrow{OB}$ がないので，左辺を展開しても
（不要な）$\overrightarrow{OA} \cdot \overrightarrow{OB}$ と $\overrightarrow{OB} \cdot \overrightarrow{OC}$ は絶対に出てこない！]

あとは
$169 \cdot 1^2 + 130 \overrightarrow{OA} \cdot \overrightarrow{OC} + 25 \cdot 1^2 = 144 \cdot 1^2$ を整理すると，
$130 \overrightarrow{OA} \cdot \overrightarrow{OC} = -50$
$\Leftrightarrow \overrightarrow{OA} \cdot \overrightarrow{OC} = -\dfrac{5}{13}$ のように $\overrightarrow{OA} \cdot \overrightarrow{OC}$ が求められた！

[解答]
$13\overrightarrow{OA} + 12\overrightarrow{OB} + 5\overrightarrow{OC} = \vec{0}$
$\Leftrightarrow 13\overrightarrow{OA} + 5\overrightarrow{OC} = -12\overrightarrow{OB}$ から ◀ [考え方]参照
$|13\overrightarrow{OA} + 5\overrightarrow{OC}| = |-12\overrightarrow{OB}|$ がいえるので， ◀ $\vec{a} = \vec{b} \Rightarrow |\vec{a}| = |\vec{b}|$
$|13\overrightarrow{OA} + 5\overrightarrow{OC}|^2 = |-12\overrightarrow{OB}|^2$ ◀ $\overrightarrow{OA} \cdot \overrightarrow{OC}$ が出てくるように 両辺を2乗した
$\Leftrightarrow 13^2|\overrightarrow{OA}|^2 + 2 \cdot 13 \cdot 5 \overrightarrow{OA} \cdot \overrightarrow{OC} + 5^2|\overrightarrow{OC}|^2 = (-12)^2|\overrightarrow{OB}|^2$ ◀ Point 2.8
$\Leftrightarrow 169 \cdot 1^2 + 130 \overrightarrow{OA} \cdot \overrightarrow{OC} + 25 \cdot 1^2 = 144 \cdot 1^2$ ◀ $|\overrightarrow{OA}| = |\overrightarrow{OB}| = |\overrightarrow{OC}| = 1$
$\Leftrightarrow 130 \overrightarrow{OA} \cdot \overrightarrow{OC} = -50$ ◀ $\overrightarrow{OA} \cdot \overrightarrow{OC}$ だけの式！
$\therefore \overrightarrow{OA} \cdot \overrightarrow{OC} = -\dfrac{5}{13}$

[解説] 例題14 の解法について

まず,

$\vec{a}$ のような(**方向**と**大きさ**を表す)ベクトルの形だったら
2乗することはできないが,
$|\vec{a}|$ のような(**大きさ**だけを表す)形だったら
2乗することができる という ことは必ず知っておこう。

例えば
$\vec{a}+\vec{b}=\vec{c}$ から $\vec{a}\cdot\vec{b}$ を求めたいときには,
$\vec{a}+\vec{b}=\vec{c}$ の形のままでは2乗することができないので
$|\vec{a}+\vec{b}|=|\vec{c}|$ のような(**大きさ**だけを表す)形に書き直してから
両辺を2乗して $\vec{a}\cdot\vec{b}$ を導けばよい！

最後に 今までのまとめとして 次の問題をやってごらん。

練習問題11

△ABC の外心 O から直線 BC, CA, AB に下ろした垂線の足をそれぞれ P, Q, R とするとき,
$\overrightarrow{OP}+2\overrightarrow{OQ}+3\overrightarrow{OR}=\vec{0}$ が成立しているとする。
(1) $\overrightarrow{OA}, \overrightarrow{OB}, \overrightarrow{OC}$ の関係式を求めよ。
(2) ∠A の大きさを求めよ。 [京大]

Section 3 ベクトルの位置と面積比に関する問題

　この章では、ベクトルの関係式からベクトルの図形的な位置を明確にし、その図から面積比を求める典型的な問題を中心に解説する。
ほとんどの問題がSection1やSection2で教えた知識だけで解けるものなので、コツさえつかめれば比較的勉強しやすい分野である。

とりあえず次の問題をやってみよう。

例題 15

$\triangle ABC$ と定点 O について
$\overrightarrow{OP} = \frac{1}{6}\overrightarrow{OA} + \frac{1}{3}\overrightarrow{OB} + \frac{1}{2}\overrightarrow{OC}$ を満たす点 P の位置を図示せよ。

[考え方]

まず，

$\overrightarrow{OP} = \frac{1}{6}\overrightarrow{OA} + \frac{1}{3}\overrightarrow{OB} + \frac{1}{2}\overrightarrow{OC}$ は分数が多いので考えにくいよね。

そこで，$\overrightarrow{OP} = \frac{1}{6}\overrightarrow{OA} + \frac{1}{3}\overrightarrow{OB} + \frac{1}{2}\overrightarrow{OC}$ を

$\overrightarrow{OP} = \frac{1}{6}(\overrightarrow{OA} + 2\overrightarrow{OB} + 3\overrightarrow{OC})$ のように $\frac{1}{6}$ でくくろう。

$\overrightarrow{OA} + 2\overrightarrow{OB} + 3\overrightarrow{OC}$ だったら分数が入っていないので
少しは考えやすくなったよね。

だけど，$\overrightarrow{OA} + 2\overrightarrow{OB} + 3\overrightarrow{OC}$ は "3 つのベクトルの和" だよね。

僕らは **Section 1** の "2 つのベクトルの和" だったら
よく知っているので，とりあえず
$2\overrightarrow{OB} + 3\overrightarrow{OC}$（2 つのベクトルの和）について考えてみよう。

$2\overrightarrow{OB} + 3\overrightarrow{OC}$ について

まず，
$2\overrightarrow{OB} + 3\overrightarrow{OC}$ は $n\overrightarrow{OB} + m\overrightarrow{OC}$ の形だよね。
だから，
もしも $2\overrightarrow{OB} + 3\overrightarrow{OC}$ が $\frac{1}{m+n}(n\overrightarrow{OB} + m\overrightarrow{OC})$ の形だったら
Point 1.5 より $2\overrightarrow{OB} + 3\overrightarrow{OC}$ の位置が明確に分かるよね。

そこで，

$2\overrightarrow{OB}+3\overrightarrow{OC}$ を $5\cdot\dfrac{1}{5}(2\overrightarrow{OB}+3\overrightarrow{OC})$ と書き直そう。

Point 1.5 より $\dfrac{1}{5}(2\overrightarrow{OB}+3\overrightarrow{OC})$ は ◀ $\dfrac{1}{3+2}(2\overrightarrow{OB}+3\overrightarrow{OC})$

BC を 3：2 に内分する点を表している よね。 ◀[図1]を見よ

$\overrightarrow{OP}=\dfrac{1}{6}\left(\overrightarrow{OA}+5\cdot\dfrac{1}{5}(2\overrightarrow{OB}+3\overrightarrow{OC})\right)$ について

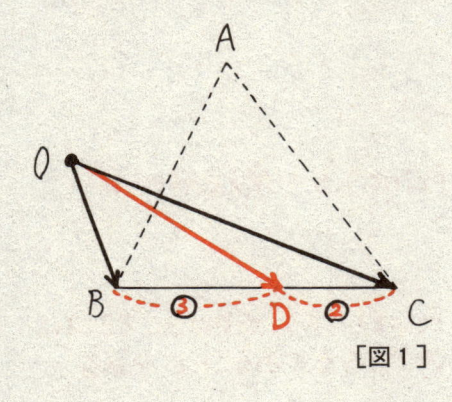

[図1]

まず，

式を見やすくするために
$\dfrac{1}{5}(2\overrightarrow{OB}+3\overrightarrow{OC})=\overrightarrow{OD}$ とおこう。

そうすると，

$\overrightarrow{OP}=\dfrac{1}{6}\left(\overrightarrow{OA}+5\cdot\dfrac{1}{5}(2\overrightarrow{OB}+3\overrightarrow{OC})\right)$

　　 $=\dfrac{1}{6}(\overrightarrow{OA}+5\overrightarrow{OD})$ が得られる！

$\dfrac{1}{6}(\overrightarrow{OA}+5\overrightarrow{OD})$ だったら

"2 つのベクトルの和" なので
図形的な位置が分かりやすいよね。

$\overrightarrow{OP}=\dfrac{1}{6}(\overrightarrow{OA}+5\overrightarrow{OD})$

　　 $=\dfrac{1}{5+1}(1\cdot\overrightarrow{OA}+5\cdot\overrightarrow{OD})$ より

$\overrightarrow{OP}$ は AD を 5：1 に内分する点を
表しているよね。◀[図2]を見よ

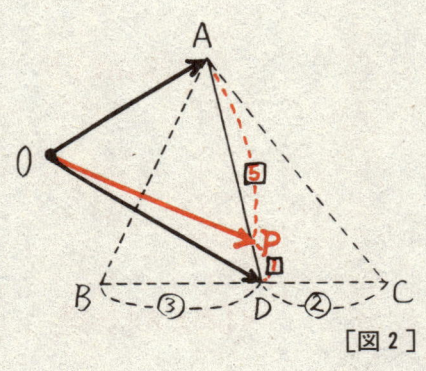

[図2]

以上より,
$\overrightarrow{OP} = \frac{1}{6}\overrightarrow{OA} + \frac{1}{3}\overrightarrow{OB} + \frac{1}{2}\overrightarrow{OC}$ を満たす
点Pは[図3]のようになっている
ことが分かった。

[図3]

[解答]

$\overrightarrow{OP} = \frac{1}{6}\overrightarrow{OA} + \frac{1}{3}\overrightarrow{OB} + \frac{1}{2}\overrightarrow{OC}$

$= \frac{1}{6}(\overrightarrow{OA} + 2\overrightarrow{OB} + 3\overrightarrow{OC})$ ◀ $\frac{1}{6}$でくくった

$= \frac{1}{6}\left(\overrightarrow{OA} + 5\cdot\frac{1}{5}(2\overrightarrow{OB} + 3\overrightarrow{OC})\right)$ ◀ Point 1.5 が使える形にした

ここで,

$\boxed{\frac{1}{5}(2\overrightarrow{OB} + 3\overrightarrow{OC}) = \overrightarrow{OD}}$ とおく と ◀ Point 1.5 より,点DはBCを3:2に内分する点であることが分かる

$\overrightarrow{OP} = \frac{1}{6}(\overrightarrow{OA} + 5\overrightarrow{OD})$ が得られるので,

点PはADを5:1に内分する点であることが分かる。 ◀ Point 1.5

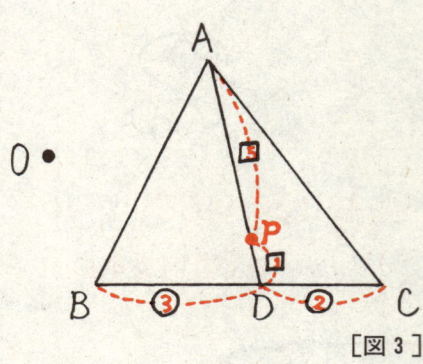

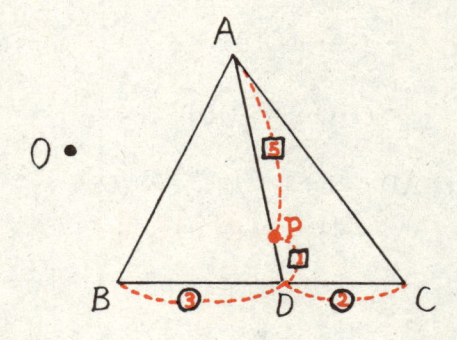

以上より,
点Pは左図のようになっている
ことが分かる。 ◀[考え方]参照

― 例題 16 ―
　△ABC の内部に点 P があり，$\vec{PA}+2\vec{PB}+3\vec{PC}=\vec{0}$ が成り立っている。
(1) 点 P の位置を図示せよ。
(2) △BCP，△CAP，△ABP の面積比 $S_A:S_B:S_C$ を求めよ。

[考え方と解答]
(1) まず，解法は主に次の **Cace 1** と **Case 2** の2通りが考えられる。

― Case 1 ―
Point 1.9 を使って $\vec{PA}+2\vec{PB}+3\vec{PC}=\vec{0}$ のすべての始点を O にして 例題 15 のように $\vec{OP}$ について考える。

▶ $\vec{PA}+2\vec{PB}+3\vec{PC}=\vec{0}$
⇔ $-\vec{OP}+\vec{OA}+2(-\vec{OP}+\vec{OB})+3(-\vec{OP}+\vec{OC})=\vec{0}$　◀ **Point 1.9**
⇔ $6\vec{OP}=\vec{OA}+2\vec{OB}+3\vec{OC}$　◀ 整理した
∴ $\vec{OP}=\dfrac{1}{6}(\vec{OA}+2\vec{OB}+3\vec{OC})$　◀ $\vec{OP}$ について解いた

これは 例題 15 と全く同じ式なので，あとは 例題 15 と同じ。

[Comment]
　この **Case 1** は少し遠まわりをしている解法だよね。一般に

　　ベクトルの関係式は始点がそろっていないと考えにくい　　ので，

もしも，$\vec{PA}+2\vec{PB}+3\vec{PC}=\vec{0}$ の始点がそろっていないのならば **Point 1.9** を使って始点をそろえるのは分かるけれど，$\vec{PA}+2\vec{PB}+3\vec{PC}=\vec{0}$ の始点は最初から P でそろっているよね。

だから $\vec{PA}+2\vec{PB}+3\vec{PC}=\vec{0}$ は決して考えにくい式ではないので **Case 1** のようにいちいち始点を変える必要はないんだよ。

そこで，次の解法で考えることにしよう．

Case 2

$\overrightarrow{PA}+2\overrightarrow{PB}+3\overrightarrow{PC}=\vec{0}$ の形のままで考える．

▶いきなり"3つのベクトルの和"については考えられないので"2つのベクトルの和"にするために，まず

$\overrightarrow{PA}+2\overrightarrow{PB}+3\overrightarrow{PC}=\vec{0}$ を $\overrightarrow{PA}=-(2\overrightarrow{PB}+3\overrightarrow{PC})$ と変形しよう．

$2\overrightarrow{PB}+3\overrightarrow{PC}$ だったら分かるよね．

Point 1.5 (内分の公式) を使うために

$2\overrightarrow{PB}+3\overrightarrow{PC}$ を $5\cdot\dfrac{1}{5}(2\overrightarrow{PB}+3\overrightarrow{PC})$ と書き直そう．　◀ $5\cdot\dfrac{1}{m+n}(n\overrightarrow{PB}+m\overrightarrow{PC})$ の形

◀ $\dfrac{1}{m+n}(n\overrightarrow{PB}+m\overrightarrow{PC})$ の形をつくった！

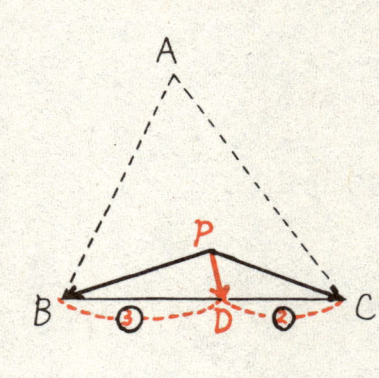

$\dfrac{1}{5}(2\overrightarrow{PB}+3\overrightarrow{PC})$ は左図のように
BC を 3:2 に内分する点を表しているよね．

ここで，式を見やすくするために

$\dfrac{1}{5}(2\overrightarrow{PB}+3\overrightarrow{PC})$ を $\overrightarrow{PD}$ とおく と，

$\overrightarrow{PA}=-5\cdot\dfrac{1}{5}(2\overrightarrow{PB}+3\overrightarrow{PC})$

$=-5\overrightarrow{PD}$ が得られる．

そこで，$\overrightarrow{PA}=-5\overrightarrow{PD}$ について考えよう．

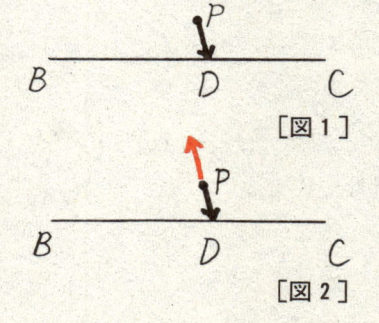

$\overrightarrow{PD}$ が [図1] のようになっているとき，
$-\overrightarrow{PD}$ は [図2] のようになるよね．

よって，
$-5\overrightarrow{PD}$ は [図3] のようになるよね。

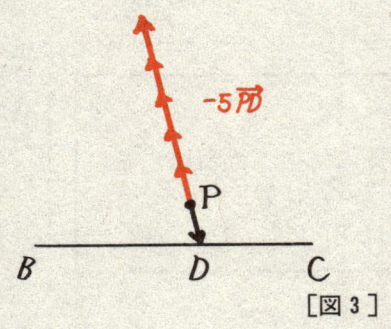

[図3]

さらに，
$-5\overrightarrow{PD}=\overrightarrow{PA}$ を考え，
3点 A，P，D の位置関係は
[図4] のようになっている
ことが分かる。

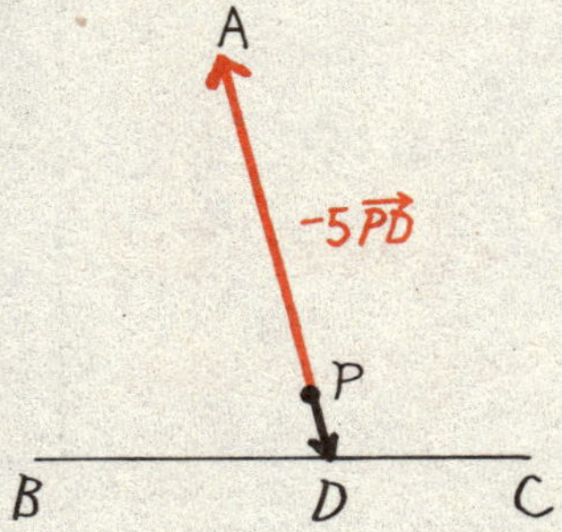

[図4]

以上より，
点 P は左図のようになっている
ことが分かった。

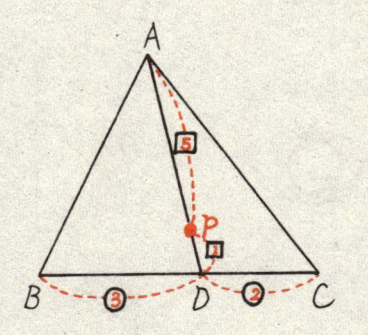

[考え方]

(2) まず，三角形の面積比の基本的な考え方を確認しておこう。

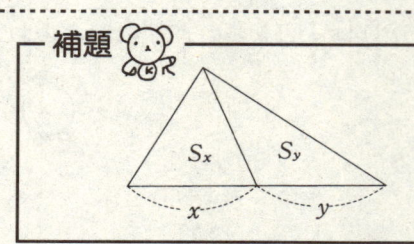

―― 補題 ――――――――――――――――――――――――

左図のとき，面積比 $S_x : S_y$ を求めよ。

[補題の解答]

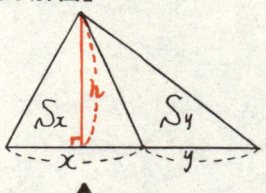

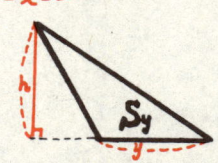

左図のように三角形の高さを h とおくと，

$$\begin{cases} S_x = \dfrac{1}{2} \cdot x \cdot h \quad \blacktriangleleft \dfrac{1}{2} \cdot (底辺) \cdot (高さ) \\ S_y = \dfrac{1}{2} \cdot y \cdot h \quad \blacktriangleleft \dfrac{1}{2} \cdot (底辺) \cdot (高さ) \end{cases}$$

がいえるので，

$$S_x : S_y = \dfrac{1}{2} \cdot x \cdot h : \dfrac{1}{2} \cdot y \cdot h$$

$$= \underline{x : y}\ _{/\!/} \quad \blacktriangleleft \dfrac{1}{2} \cdot h で割った$$

▶ つまり，(三角形の面積)$= \dfrac{1}{2} \cdot$(底辺)$\cdot$(高さ) を考え，

(高さ)が等しい2つの三角形では
三角形の面積比と底辺の比が一致する！

ベクトルの位置と面積比に関する問題　79

| Point 3.1 | 〈三角形の面積比に関する基本公式 I〉 |

右図のとき，
$S_x : S_y = x : y$ がいえる。

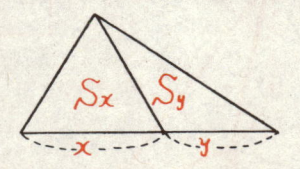

この **Point 3.1** を踏まえて，$S_A : S_B : S_C$ を求めてみよう。

まず，
Point 3.1 より，左図を考え
（△PBDの面積）:（△PCDの面積）$= 3 : 2$
がいえるよね。

よって，
（△PBDの面積）を S とおく と，

$S :$（△PCDの面積）$= 3 : 2$ ◀ $a:b=c:d$
$\Leftrightarrow 3 \cdot$（△PCDの面積）$= 2S$ ⇔ $bc=ad$
$\Leftrightarrow$（△PCDの面積）$= \dfrac{2}{3}S$ が得られる。

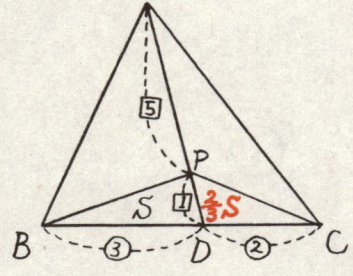

同様に，
Point 3.1 より，左図を考え
（△PBDの面積）:（△PBAの面積）$= 1 : 5$
がいえるので，

　　$S :$（△PBAの面積）$= 1 : 5$
$\Leftrightarrow$（△PBAの面積）$= 5S$ が得られる。

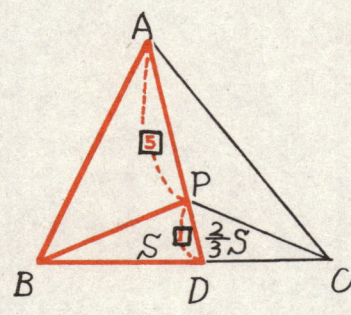

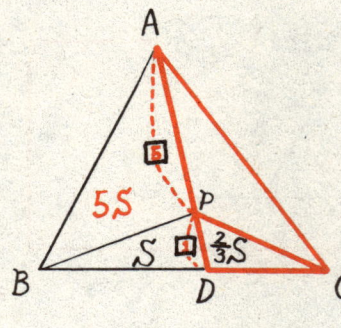

同様に，左図を考え
　(△PCD の面積)：(△PCA の面積)＝1：5
がいえるので，

$$\frac{2}{3}S : (\triangle \text{PCA の面積}) = 1 : 5$$

$$\Leftrightarrow (\triangle \text{PCA の面積}) = \frac{10}{3}S \text{ が得られる。}$$

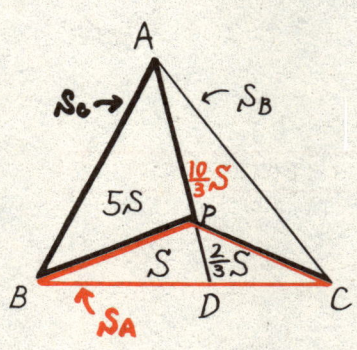

以上より，左図が得られるので

$$\begin{cases} S_A = S + \dfrac{2}{3}S = \dfrac{5}{3}S \\ S_B = \dfrac{10}{3}S \\ S_C = 5S \end{cases} \text{がいえる。}$$

よって，

$$S_A : S_B : S_C = \frac{5}{3}S : \frac{10}{3}S : 5S$$

$$= \frac{1}{3} : \frac{2}{3} : 1 \quad \blacktriangleleft 5S で割った$$

$$= 1 : 2 : 3 \quad \blacktriangleleft 3 を掛けて分母を払った$$

ベクトルの位置と面積比に関する問題 81

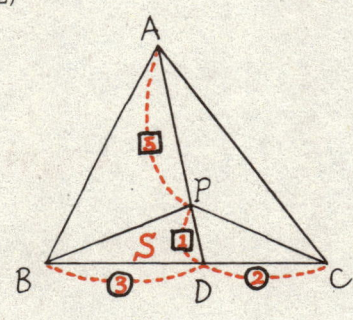

[解答]
(2)

△PBD の面積を S とおくと
$$\begin{cases} S_A = S + \dfrac{2}{3}S = \dfrac{5}{3}S \\ S_B = \dfrac{10}{3}S \\ S_C = 5S \end{cases}$$
がいえる ので， ◀ [考え方]参照．

$$S_A : S_B : S_C = \dfrac{5}{3}S : \dfrac{10}{3}S : 5S$$
$$= \dfrac{1}{3} : \dfrac{2}{3} : 1 \quad ◀ 5Sで割った$$
$$= 1 : 2 : 3 \quad ◀ 3を掛けて分母を払った$$

[別解について]
(2) 実は，この面積比 $S_A : S_B : S_C$ は次の **Point 3.2** を知っていれば一瞬で解けてしまうのである．

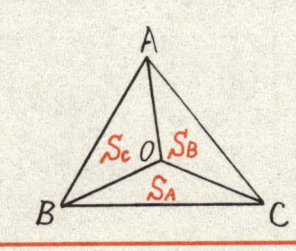

Point 3.2 〈$a\overrightarrow{OA} + b\overrightarrow{OB} + c\overrightarrow{OC} = \vec{0}$ についての面積比の公式〉

左図のような △ABC について
$a\overrightarrow{OA} + b\overrightarrow{OB} + c\overrightarrow{OC} = \vec{0}$ （a, b, c は正の数）
が成立するとき，
$S_A : S_B : S_C = a : b : c$ がいえる．

▶ この **Point 3.2** は，証明が出題される場合もあるので次の**練習問題 12** でキチンと演習しておこう．

[別解]

(2)

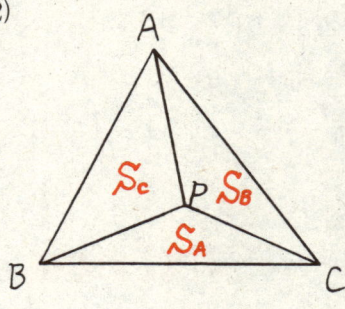

$1\cdot\overrightarrow{PA}+2\cdot\overrightarrow{PB}+3\cdot\overrightarrow{PC}=\vec{0}$
より,
$S_A : S_B : S_C = 1:2:3$ ◀ Point 3.2

練習問題 12

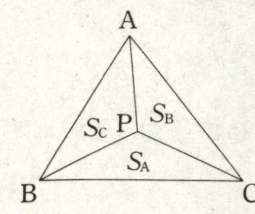

左図のような △ABC について
$a\overrightarrow{PA}+b\overrightarrow{PB}+c\overrightarrow{PC}=\vec{0}$ (a, b, c は正の数)
が成立するとき,
$S_A : S_B : S_C = a:b:c$ がいえることを示せ。

[有名問題]

練習問題 13

平面上に △OAB と点 P があり $4\overrightarrow{PA}+3\overrightarrow{PB}=\overrightarrow{OP}$ を満たす。このとき,△OAP と △OBP の面積比は ☐ : ☐ である。

[神奈川大]

ベクトルの位置と面積比に関する問題　83

さて，ここで今までのまとめとして 次の問題をやってみよう。

── 例題 17 ──

点Q を $5\overrightarrow{QA}+6\overrightarrow{QB}+8\overrightarrow{QC}=\vec{0}$ を満たすようにとる。

(1) 直線AQ と直線BC の交点を M とすると
$\overrightarrow{AM}=\boxed{}\overrightarrow{AB}+\boxed{}\overrightarrow{AC}$ と表される。
また，三角形ABM と三角形AMC の面積の比は
$\triangle ABM:\triangle AMC=\boxed{}:\boxed{}$ で与えられる。

(2) 直線AM が角A の二等分線であるとき
$AB:AC=\boxed{}:\boxed{}$ となる。

(3) 点Q が 三角形ABC の内接円の中心であるとき
$AB:AC:BC=\boxed{}:\boxed{}:\boxed{}$ となる。　　　［センター試験］

［普通の考え方］

(1) まずは"一般的な解答"を示しておこう。

> 求めなければならない $\overrightarrow{AM}=\boxed{}\overrightarrow{AB}+\boxed{}\overrightarrow{AC}$ の始点はすべて A なので，まず **Point 1.9** を使って $5\overrightarrow{QA}+6\overrightarrow{QB}+8\overrightarrow{QC}=\vec{0}$ の始点を A にそろえる と……。

［普通の解答］

(1) $5\overrightarrow{QA}+6\overrightarrow{QB}+8\overrightarrow{QC}=\vec{0}$
$\Leftrightarrow 5(-\overrightarrow{AQ})+6(-\overrightarrow{AQ}+\overrightarrow{AB})+8(-\overrightarrow{AQ}+\overrightarrow{AC})=\vec{0}$　◀ Point 1.9
$\Leftrightarrow 19\overrightarrow{AQ}=6\overrightarrow{AB}+8\overrightarrow{AC}$　◀ 整理した
$\therefore \overrightarrow{AQ}=\dfrac{2}{19}(3\overrightarrow{AB}+4\overrightarrow{AC})$ ……①　◀ $\overrightarrow{AQ}$ について解いた

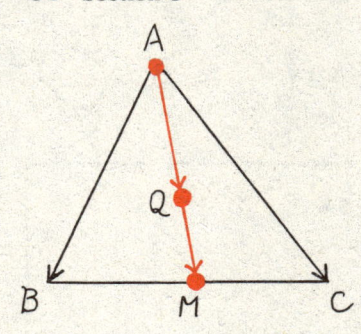

3点 A, Q, M は同一直線上にあるので
$\overrightarrow{AQ} = \dfrac{2}{19}(3\overrightarrow{AB} + 4\overrightarrow{AC})$ ……① を考え
$\overrightarrow{AM} = k(3\overrightarrow{AB} + 4\overrightarrow{AC})$ ……②
とおける。 ◀ Point 1.16
◀ 点Qの位置については P.93を見よ！

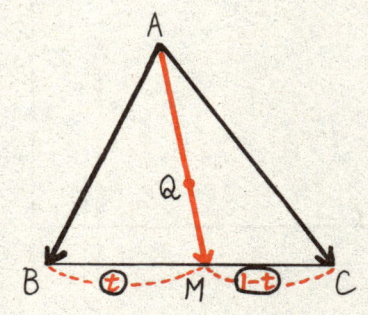

また，
$BM : MC = t : 1-t$ とおく と ◀ Point 1.15
$\overrightarrow{AM} = (1-t)\overrightarrow{AB} + t\overrightarrow{AC}$ ……③ ◀ Point 1.5
がいえる。

よって，②と③から
$k(3\overrightarrow{AB} + 4\overrightarrow{AC}) = (1-t)\overrightarrow{AB} + t\overrightarrow{AC}$ ◀ $\overrightarrow{AM} = \overrightarrow{AM}$
$\Leftrightarrow 3k\overrightarrow{AB} + 4k\overrightarrow{AC} = (1-t)\overrightarrow{AB} + t\overrightarrow{AC}$ ◀ 左辺を展開した
が得られるので，
$\overrightarrow{AB}$ と $\overrightarrow{AC}$ が1次独立であることを考え
$\begin{cases} 3k = 1-t \cdots ④ & \blacktriangleleft (\overrightarrow{AB}の係数)=(\overrightarrow{AB}の係数) \\ 4k = t \cdots ⑤ & \blacktriangleleft (\overrightarrow{AC}の係数)=(\overrightarrow{AC}の係数) \end{cases}$
がいえる。 ◀ Point 1.13

さらに，
④+⑤ より ◀ 式の形から，④+⑤を考えるとうまくtが消えてくれる！
$7k = 1$ ◀ tが消えた！
$\Leftrightarrow k = \dfrac{1}{7}$ が得られるので，

$\overrightarrow{AM} = \dfrac{1}{7}(3\overrightarrow{AB} + 4\overrightarrow{AC})$ ◀ $\overrightarrow{AM} = k(3\overrightarrow{AB}+4\overrightarrow{AC})$ ……②に $k=\dfrac{1}{7}$ を代入した
$= \dfrac{3}{7}\overrightarrow{AB} + \dfrac{4}{7}\overrightarrow{AC}$ //

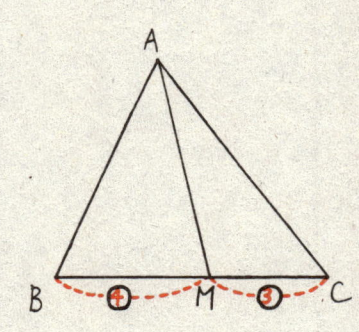

また，
$t = \dfrac{4}{7}$ より　◀ $4k=t$ ……⑤に $k=\dfrac{1}{7}$ を代入した
BM : MC $= \dfrac{4}{7} : \dfrac{3}{7}$　◀ BM : MC $= t : 1-t$
$= 4 : 3$ がいえるので，　◀ 7を掛けた

$\boxed{\triangle ABM : \triangle AMC = BM : MC}$　◀ Point 3.1
$= 4 : 3$

[Comment]
　まぁ，このように解いてもいいのだが，ちょっと面倒くさかったよね。また，せっかく **Point 3.2** で
$a\overrightarrow{QA} + b\overrightarrow{QB} + c\overrightarrow{QC} = \vec{0}$ （a, b, c は正の数）の性質について勉強したのに，この答案では全く使っていないよね。

そこで，
この問題は $a\overrightarrow{QA} + b\overrightarrow{QB} + c\overrightarrow{QC} = \vec{0}$ （a, b, c は正の数）についての問題であることを考え，ここでは **Point 3.2** に着目して解いてみよう。

ただし，
練習問題 12 の［参考］（解答編のP.78）で証明した 次の面積比に関する基本公式が必要になるので，キチンと頭に入れておこう。

Point 3.3　〈三角形の面積比に関する基本公式Ⅱ〉

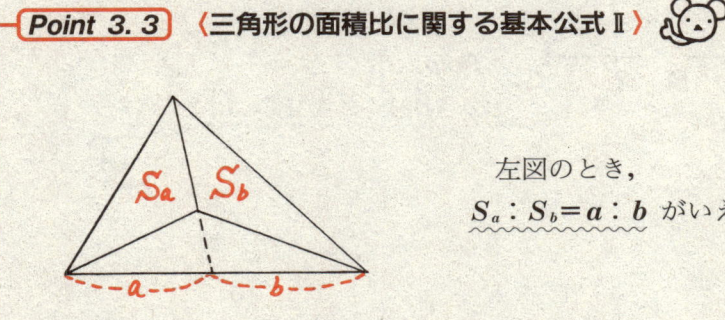

左図のとき，
$S_a : S_b = a : b$ がいえる。

[考え方]

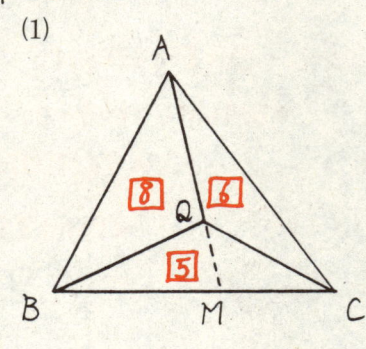

(1)

まず,**Point 3.2** を考え

$5\overrightarrow{QA}+6\overrightarrow{QB}+8\overrightarrow{QC}=\overrightarrow{0}$ から
$\triangle ABQ:\triangle AQC=8:6$
$\qquad\qquad\qquad =4:3$ がいえる よね。

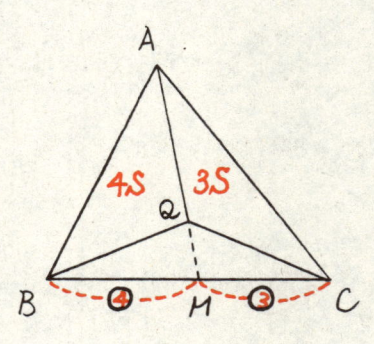

よって,
$\begin{cases} \triangle ABQ=4S \\ \triangle AQC=3S \end{cases}$ とおける。

さらに,**Point 3.3** を考え
$BM:MC=4S:3S$
$\qquad\qquad =4:3$ がいえる。

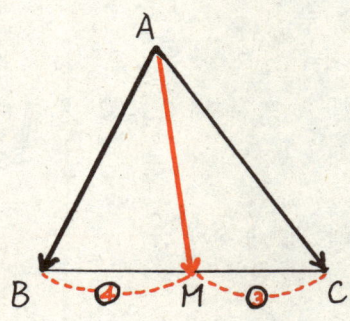

よって,**Point 1.5** より
$\overrightarrow{AM}=\dfrac{1}{7}(3\overrightarrow{AB}+4\overrightarrow{AC})$
$\qquad =\dfrac{3}{7}\overrightarrow{AB}+\dfrac{4}{7}\overrightarrow{AC}$ がいえ,

Point 3.1 より
$\triangle ABM:\triangle AMC=4:3$ がいえる。

(2)

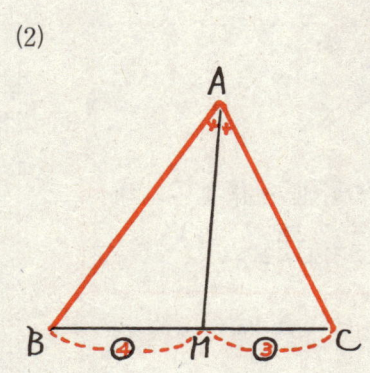

これは簡単だよね。

AMが角Aの二等分線のとき
Point 1.8 から
　AB：AC＝BM：MC
がいえるので，

AB：AC＝4：3

(3)

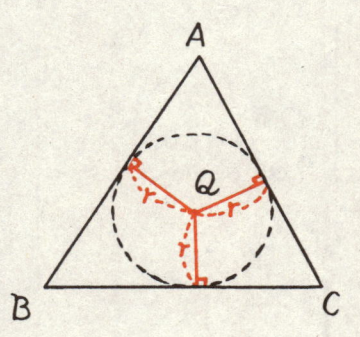

まず，いきなり
「AB：AC：BCを求めよ」なんていわれても
よく分からないよね。

だけど，とりあえず(1)と同様に，
$5\vec{QA}+6\vec{QB}+8\vec{QC}=\vec{0}$ から
△BCQ：△CAQ：△ABQ＝5：6：8 …(＊)
がすぐに分かるので， ◀ **Point 3.2**

まず，(＊)を使って
AB：AC：BCがうまく求められるか
どうかを考えてみよう。

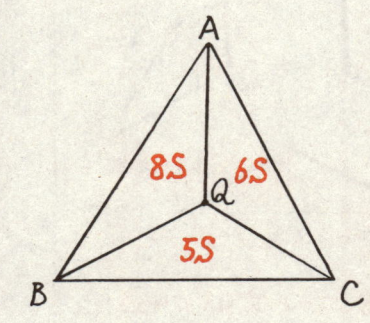

◀ △BCQ：△CAQ：△ABQ＝5：6：8……(＊)から
△BCQ＝5S，△CAQ＝6S，△ABQ＝8S……(＊)′
とおける！

(3)は内接円に関する問題だけど，

内接円の半径 r と三角形の面積は
次の「**内接円の半径の公式の導き方**」からも分かるように
非常に密接な関係があるよね。

[参考] 内接円の半径の公式の導き方

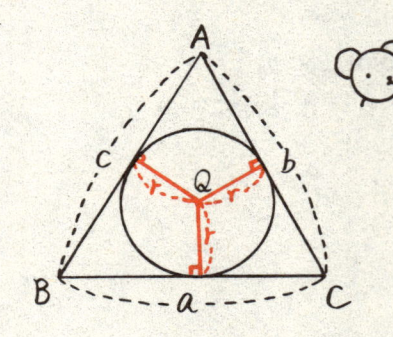

内接円の半径 r の公式

$$r = \frac{2S}{a+b+c}$$

▶ S は $\triangle ABC$ の面積とする

▶ 導き方

内接円の半径 r を "高さ" とみなすために $\triangle ABC$ を次のように3つに分け, 面積に関する式をたてる！

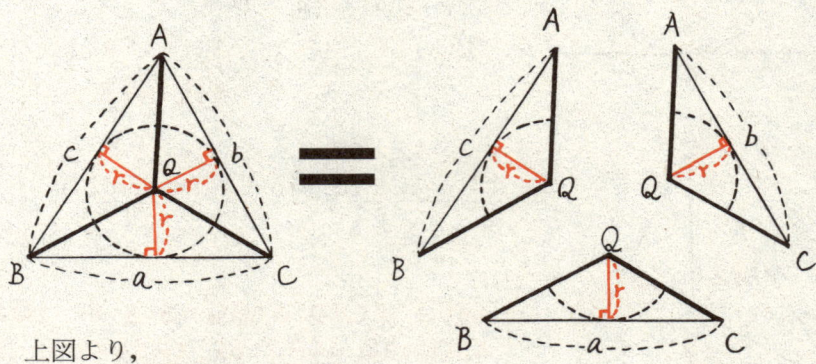

上図より,

$S = \dfrac{1}{2} a \cdot r + \dfrac{1}{2} b \cdot r + \dfrac{1}{2} c \cdot r$ ◀ △ABC = △BCQ + △CAQ + △ABQ

$ = \dfrac{1}{2}(a+b+c)r$ ◀ $\dfrac{1}{2}r$ でくくった

∴ $r = \dfrac{2S}{a+b+c}$ ◀ r について解いた

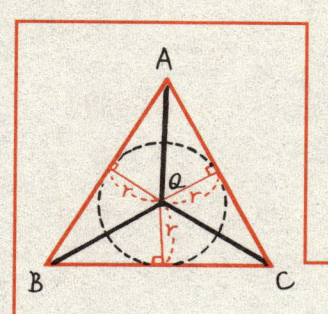

ベクトルの位置と面積比に関する問題　89

そこで，
△BCQ：△CAQ：△ABQ＝5：6：8 ……(∗)
が使えるようにするために，
△ABC を次のように 3 つに分けてみよう。

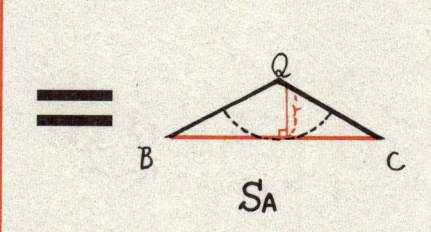

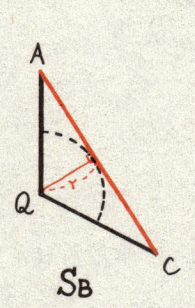

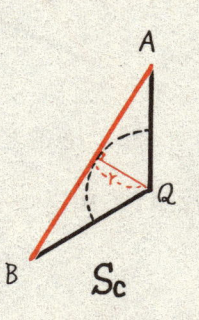

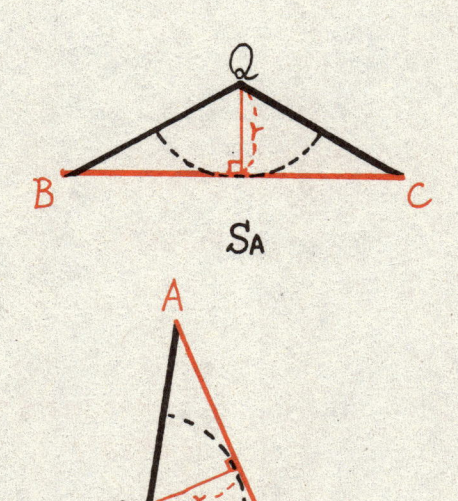

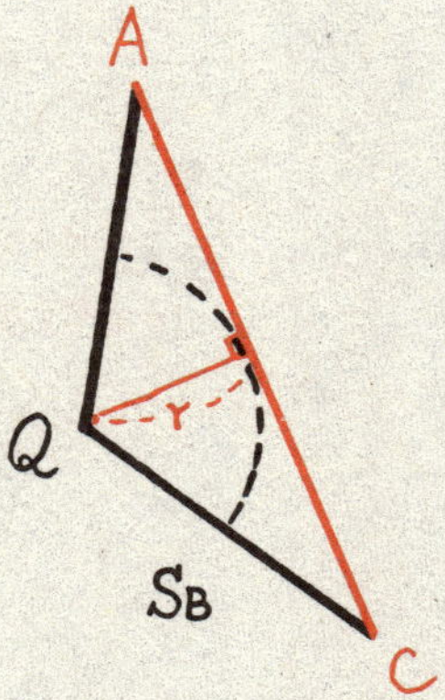

$$\begin{cases} S_A = \dfrac{1}{2} \cdot BC \cdot r \\ S_A = 5S \end{cases}$$ ◀ (∗)′より

を考え，

$\dfrac{1}{2} \cdot BC \cdot r = 5S$　◀ $S_A = S_A$

∴　$BC = \dfrac{2}{r} \cdot 5S$ ……Ⓐ

$$\begin{cases} S_B = \dfrac{1}{2} \cdot AC \cdot r \\ S_B = 6S \end{cases}$$ ◀ (∗)′より

を考え，

$\dfrac{1}{2} \cdot AC \cdot r = 6S$　◀ $S_B = S_B$

∴　$AC = \dfrac{2}{r} \cdot 6S$ ……Ⓑ

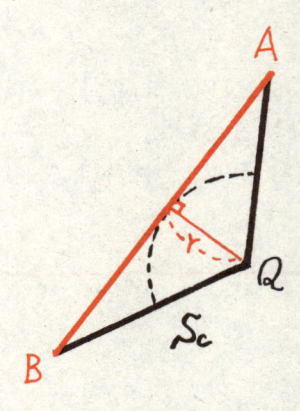

$$\begin{cases} S_C = \dfrac{1}{2} \cdot AB \cdot r \\ S_C = 8S \end{cases} \blacktriangleleft (*)' \text{より}$$

を考え，

$$\dfrac{1}{2} \cdot AB \cdot r = 8S \quad \blacktriangleleft S_C = S_C$$

$$\therefore \quad AB = \dfrac{2}{r} \cdot 8S \quad \cdots\cdots Ⓒ$$

以上より，ⒶとⒷとⒸを考え

$$AB : AC : BC = \dfrac{2}{r} \cdot 8S : \dfrac{2}{r} \cdot 6S : \dfrac{2}{r} \cdot 5S$$

$$= 8 : 6 : 5 \text{ が得られた！} \quad \blacktriangleleft \dfrac{2}{r} \cdot S \text{で割った}$$

[解答]

(1)

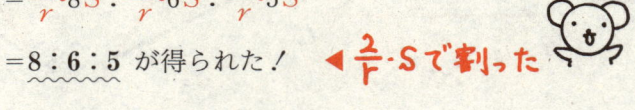

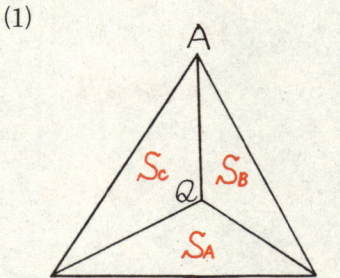

左図のように
三角形の面積を S_A, S_B, S_C とおくと，
$5\overrightarrow{QA} + 6\overrightarrow{QB} + 8\overrightarrow{QC} = \vec{0}$ から
$S_A : S_B : S_C = 5 : 6 : 8 \quad \cdots\cdots (*)$
がいえる。 ◀ Point 3.2

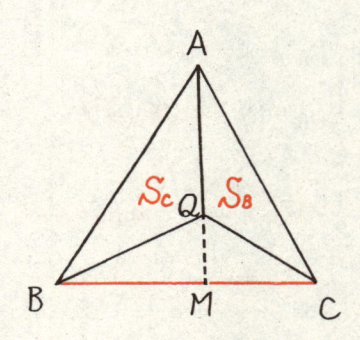

よって，

$BM : MC = S_C : S_B$ ◀ Point 3.3

$\quad\quad\quad\quad\quad = 8 : 6$ ◀ (*) より

$\quad\quad\quad\quad\quad = 4 : 3 \quad \cdots\cdots ①$ がいえる。

ベクトルの位置と面積比に関する問題 91

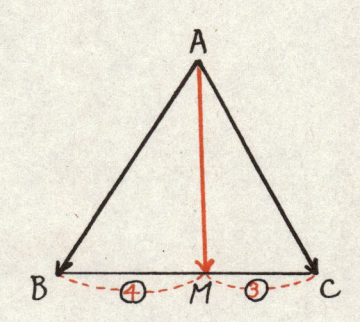

BM：MC＝4：3 ……① から
左図が得られるので，

$\overrightarrow{AM} = \dfrac{3}{7}\overrightarrow{AB} + \dfrac{4}{7}\overrightarrow{AC}$ ◀ Point 1.5

△ABM：△AMC＝4：3 ◀ Point 3.1

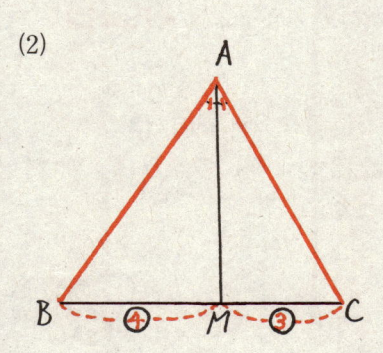

(2)

AM は角 A の二等分線だから
AB：AC＝MB：MC ◀ Point 1.8
　　　＝4：3

(3)

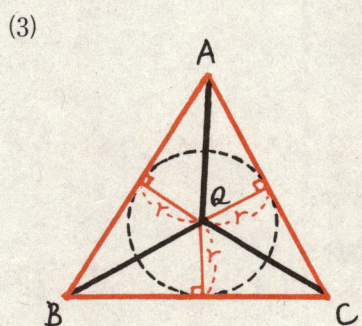

内接円の半径を r とおくと，

AB：AC：BC
$= \dfrac{1}{2}r \cdot$ AB：$\dfrac{1}{2}r \cdot$ AC：$\dfrac{1}{2}r \cdot$ BC
$= S_C : S_B : S_A$

＝8：6：5 ◀(*)より

[解説] 点Qの位置について

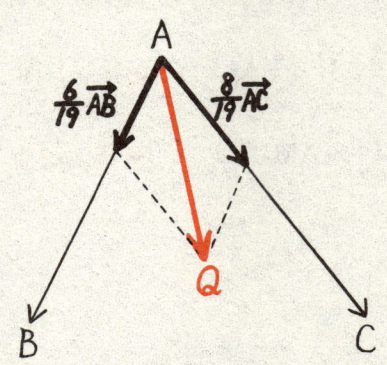

まず，
$$\overrightarrow{AQ} = \frac{2}{19}(3\overrightarrow{AB}+4\overrightarrow{AC}) \cdots\cdots ①$$
$$= \frac{6}{19}\overrightarrow{AB}+\frac{8}{19}\overrightarrow{AC} \text{ より}$$
◀ 展開した

点Qは左図のようになっていることが分かるよね。 ◀ Point 1.2

まぁ，このように考えても 点Qの大雑把(おおざっぱ)な位置は分かるのだが，**Section 3** のはじめにやった 例題15 や 例題16 のように考えれば 点Qの明確な位置が 一瞬で分かるだけではなく，点Mの位置も同時に分かってしまうんだ。

そこで，最後に その考え方を [別解] として紹介しておこう。

[(1)の別解の考え方]

まず，$3\overrightarrow{AB}+4\overrightarrow{AC}$ は，**Point 1.5** を考え

$$\boxed{3\overrightarrow{AB}+4\overrightarrow{AC} = 7\cdot\frac{1}{7}(3\overrightarrow{AB}+4\overrightarrow{AC})}$$

◀ $7\cdot\frac{1}{m+n}(n\overrightarrow{AB}+m\overrightarrow{AC})$ の形!

と書き直せば 明確な位置が分かるよね。

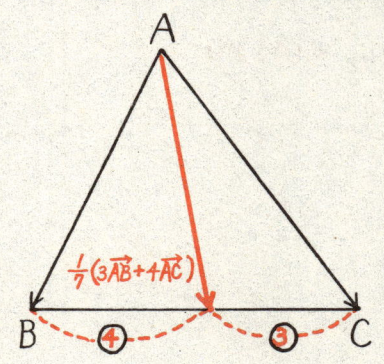

$\frac{1}{7}(3\overrightarrow{AB}+4\overrightarrow{AC})$ は ◀ $\frac{1}{m+n}(n\overrightarrow{AB}+m\overrightarrow{AC})$

BCを4:3に内分する点を表しているよね。 ◀ Point 1.5

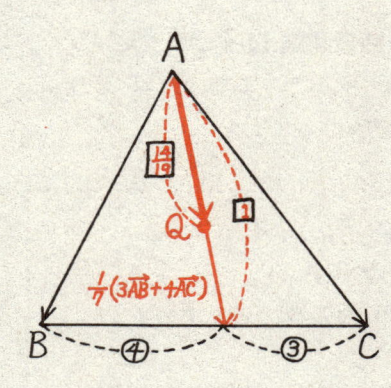

ベクトルの位置と面積比に関する問題　93

よって，
$$\overrightarrow{AQ} = \frac{2}{19}(3\overrightarrow{AB} + 4\overrightarrow{AC}) \quad \cdots\cdots ①$$
$$= \frac{2}{19} \cdot 7 \cdot \frac{1}{7}(3\overrightarrow{AB} + 4\overrightarrow{AC})$$
$$= \frac{14}{19} \cdot \frac{1}{7}(3\overrightarrow{AB} + 4\overrightarrow{AC})$$

◀「$\overrightarrow{AQ}$は$\frac{1}{7}(3\overrightarrow{AB}+4\overrightarrow{AC})$を$\frac{14}{19}$倍したもの」

より，点 Q は左図のようになっていることが分かるよね。

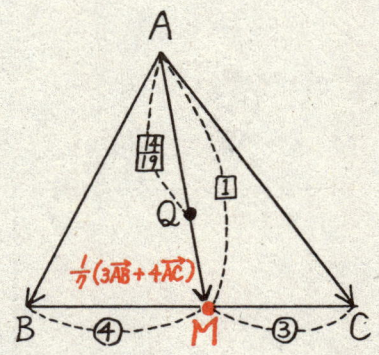

さらに，問題文の
「直線 AQ と直線 BC の交点を M とする」
より，左図が得られる。　◀点Mの位置も分かった！

[別解]
(1) 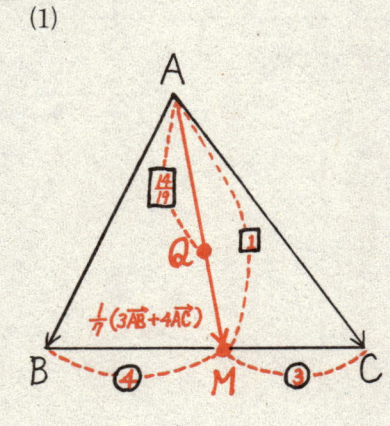
$$\overrightarrow{AQ} = \boxed{\frac{2}{19}(3\overrightarrow{AB} + 4\overrightarrow{AC})}$$
$$\phantom{\overrightarrow{AQ}} = \frac{14}{19} \cdot \frac{1}{7}(3\overrightarrow{AB} + 4\overrightarrow{AC}) \text{ を考え}$$

左図が得られるので，　◀[考え方]参照

$$\overrightarrow{AM} = \frac{1}{7}(3\overrightarrow{AB} + 4\overrightarrow{AC})$$
$$= \frac{3}{7}\overrightarrow{AB} + \frac{4}{7}\overrightarrow{AC}$$

$\triangle ABM : \triangle AMC = 4 : 3$　◀Point 3.1

さて，ここで今までのまとめとして次の**練習問題 14**をやってごらん。一般的には そんなに簡単な問題ではないけれど，ここまでくれば実力もついてきたはずなので，もう3〜5分程度で解けるよね？

練習問題 14

点 O を中心とする半径 1 の円周上に 3 点 A，B，C があり，
$x\overrightarrow{OA} + 12\overrightarrow{OB} + 5\overrightarrow{OC} = \vec{0}$ $(x>0)$ を満たしている。
(1) $\triangle OBC$ と $\triangle ABC$ の面積比が $13:30$ のとき，x を求めよ。
(2) (1)のとき，$\overrightarrow{OB} \perp \overrightarrow{OC}$ であることを示せ。

次の**練習問題 15**は一見すると今までの知識では解くことができなさそうだが……。

練習問題 15

四面体 OABC がある。ベクトル $\overrightarrow{OP}$ を
$\overrightarrow{OP} = p\overrightarrow{OA} + q\overrightarrow{OB} + r\overrightarrow{OC}$ $(p+q+r=1)$ とする。
点 P が 三角形 ABC の内部にあるとき，
四面体 OBCP，OCAP，OABP の体積を V_1，V_2，V_3 とする。
比 $V_1:V_2:V_3$ を求めよ。　　　　　　　　　　　　　　　［千葉大］

▶知っている人も多いとは思うが，次の四面体の体積の公式は常識にしておこう。

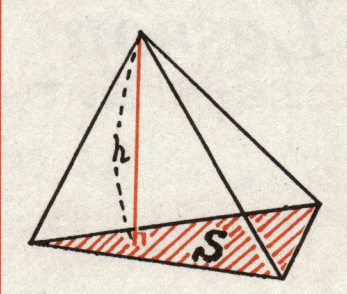

> **Point 3.4** 〈四面体（三角すい）の体積の公式〉
>
> （四面体の体積）
> $= \frac{1}{3} \cdot$（底面積）$\cdot$（高さ）　◀ $V = \frac{1}{3} \cdot S \cdot h$

One Point Lesson
〜組立除法と因数分解について〜

ここでは，数学がものすごく苦手な人のために
「組立除法」と「3次方程式の解き方」について解説することにします。

問題1
$x^3+2x^2-15x+14=0$ を解け。

[考え方]

まず，「3次方程式の解き方」を確認しておこう。

Point 1 〈3次方程式の解き方〉

Step 1 3次方程式の解を1つみつける。
Step 2 組立除法を使って，
 3次方程式を(1次式)・(2次式)=0 の形にする。

まず，**Step 1** について考えよう。

$x^3+2x^2-15x+14=0$ の解を1つみつけるために
$x^3+2x^2-15x+14=0$ に **$x=0$, ± 1, ± 2, ……** のように
(絶対値が)**小さい整数から順に代入してみよう。**

$x^3+2x^2-15x+14=0$ に $x=0$ を代入すると，$14=0$ となり成立しない。
$x^3+2x^2-15x+14=0$ に $x=1$ を代入すると，$2=0$ となり成立しない。
$x^3+2x^2-15x+14=0$ に $x=-1$ を代入すると，$30=0$ となり成立しない。
$x^3+2x^2-15x+14=0$ に $x=2$ を代入すると，$0=0$ となり成立する。

よって，
$x=2$ が $x^3+2x^2-15x+14=0$ の解の1つである！

～組立除法と因数分解について～

あとは **Step 2** に従って「組立除法」を使えば終わりである。
えっ，「組立除法」って何かって？
それではここで「組立除法」について解説しておこう。

Intro ～組立除法はどんな場合に必要になるのか～

まず，
$ax^3+bx^2+cx+d=0$ の1つの解が $x=\alpha$ だとしよう。

すると，
$\underline{a\alpha^3+b\alpha^2+c\alpha+d=0}$ ……① がいえる。

また，
$ax^3+bx^2+cx+d=0$ の1つの解が $x=\alpha$ ならば
$ax^3+bx^2+cx+d=\underline{(x-\alpha)}\cdot\boxed{2次式}$ ……(∗) と書けるけれど，
$\boxed{2次式}$ が分からないよね。

そこで，
$\boxed{2次式}$ を求めるために，次の「組立除法」が必要になる！

▶ 実際に ax^3+bx^2+cx+d を $x-\alpha$ で割っても
　$\boxed{2次式}$ が求められるのだが，
　次のように組立除法を使うのが一番はやい！

組立除法のやり方

以下の **Act 1～Act 9** のように計算していくと，簡単に3次式を(1次式)・(2次式)の形に因数分解できる！

Act 1

$ax^3+bx^2+cx+d=0$ の1つの解

| a | b | c | d | $\lfloor \alpha$ |

x^3の係数　x^2の係数　xの係数　定数項

◀ 係数と1つの解を左図のように並べる

▶ $x^3+2x^2-15x+14=0$ の場合

$x^3+2x^2-15x+14=0$ の1つの解

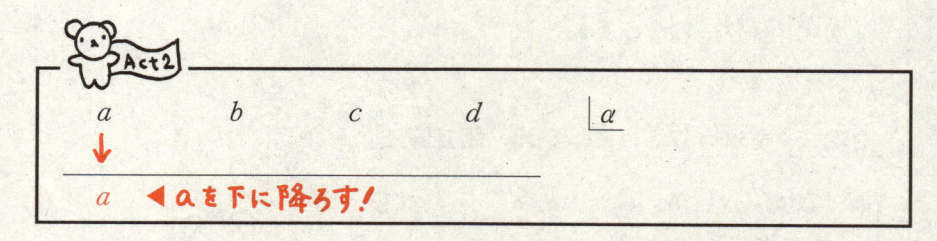

| 1 | 2 | -15 | 14 | $\lfloor 2$ |

x^3の係数　x^2の係数　xの係数　定数項

Act 2

a	b	c	d	$\lfloor a$
↓				
a				

◀ a を下に降ろす！

▶ $x^3+2x^2-15x+14=0$ の場合

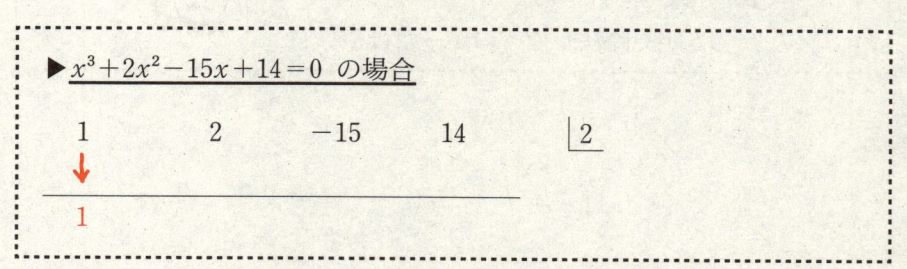

1	2	-15	14	$\lfloor 2$
↓				
1				

~組立除法と因数分解について~ 99

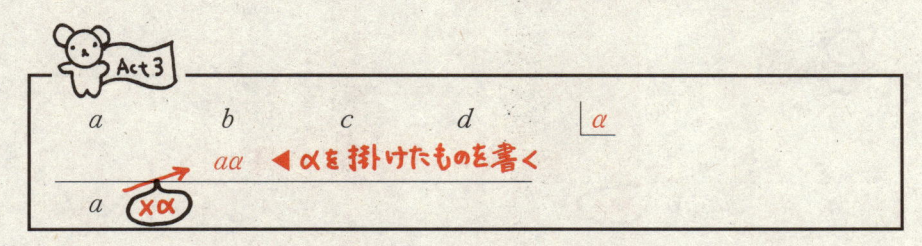

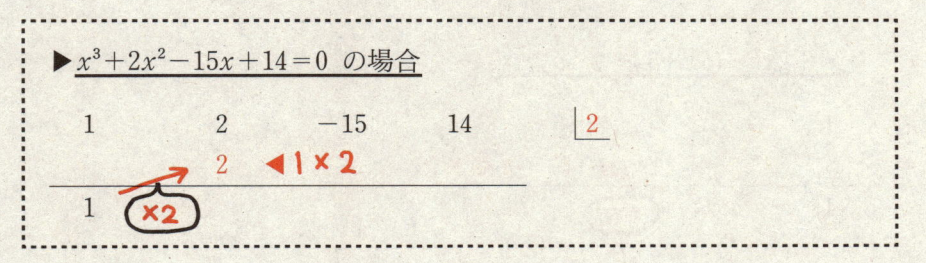

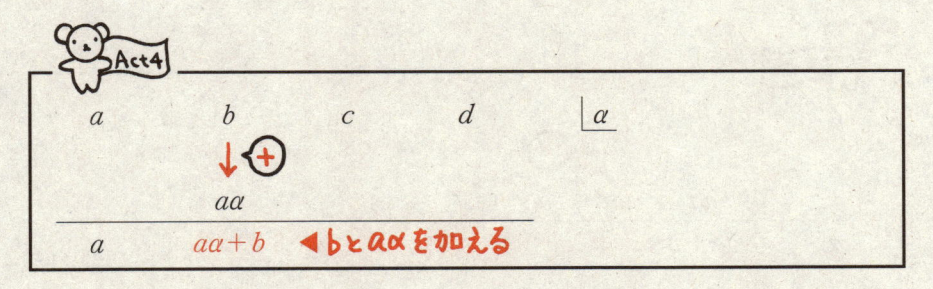

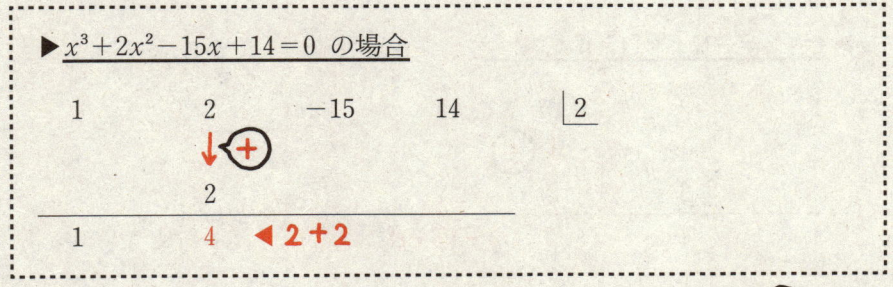

Act 3

	a	b	c	d	α
		$a\alpha$ ◀ αを掛けたものを書く			
	a ×α				

▶ $x^3 + 2x^2 - 15x + 14 = 0$ の場合

	1	2	-15	14	2
		2 ◀ 1×2			
	1 ×2				

Act 4

	a	b	c	d	α
		↓ ⊕			
		$a\alpha$			
	a	$a\alpha + b$ ◀ bとaαを加える			

▶ $x^3 + 2x^2 - 15x + 14 = 0$ の場合

	1	2	-15	14	2
		↓ ⊕			
		2			
	1	4 ◀ 2+2			

Act 5

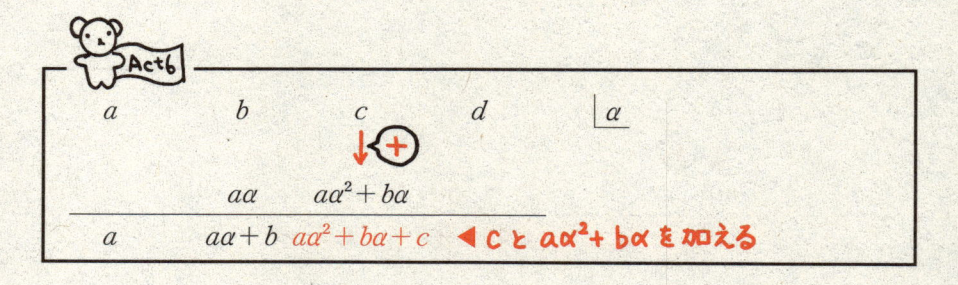

a	b	c	d	$\underline{}\alpha$
	$a\alpha$	$a\alpha^2+b\alpha$		
a	$a\alpha+b$			

×α ◀ αを掛けたものを書く

▶ $x^3+2x^2-15x+14=0$ の場合

1	2	-15	14	$\underline{}2$
	2	8		
1	4			

◀ 4×2   ×2

Act 6

a	b	c	d	$\underline{}\alpha$
	$a\alpha$	$a\alpha^2+b\alpha$		
a	$a\alpha+b$	$a\alpha^2+b\alpha+c$		

↓ +   ◀ c と $a\alpha^2+b\alpha$ を加える

▶ $x^3+2x^2-15x+14=0$ の場合

1	2	-15	14	$\underline{}2$
	2	8		
1	4	-7		

↓ +   ◀ $-15+8$

~組立除法と因数分解について~　101

Act7

	a	b	c	d	α
		$a\alpha$	$a\alpha^2+b\alpha$	$a\alpha^3+b\alpha^2+c\alpha$	
	a	$a\alpha+b$	$a\alpha^2+b\alpha+c$		

◀ αを掛けたものを書く

×α　×2

▶ $x^3+2x^2-15x+14=0$ の場合

1	2	-15	14	2
	2	8	-14	
1	4	-7		

◀ -7×2

Act8

	a	b	c	d	α
		$a\alpha$	$a\alpha^2+b\alpha$	$a\alpha^3+b\alpha^2+c\alpha$	
	a	$a\alpha+b$	$a\alpha^2+b\alpha+c$	0	

↓ ⊕　◀《注》を見よ！

《注》d と $a\alpha^3+b\alpha^2+c\alpha$ を加えると $a\alpha^3+b\alpha^2+c\alpha+d$ になるのだが
$a\alpha^3+b\alpha^2+c\alpha+d=0$ …… ① より　◀ P.98を見よ
$a\alpha^3+b\alpha^2+c\alpha+d$ は 0 になる！

▶ $x^3+2x^2-15x+14=0$ の場合

1	2	-15	14	2
	2	8	-14	
1	4	-7	0	

↓ ⊕　◀ 14+(−14)

Act 9

	a	b	c	d	$\underline{\alpha}$
		$a\alpha$	$a\alpha^2+b\alpha$	$a\alpha^3+b\alpha^2+c\alpha$	
	a	$a\alpha+b$	$a\alpha^2+b\alpha+c$	0	

a ← x^2の係数　$a\alpha+b$ ← xの係数　$a\alpha^2+b\alpha+c$ ← 定数項

上図より，2次式 は
$ax^2+(a\alpha+b)x+(a\alpha^2+b\alpha+c)$ だと分かる！

以上より，
$ax^3+bx^2+cx+d=(x-\alpha)\cdot$ 2次式 ……(*) を考え，
$ax^3+bx^2+cx+d=(x-\alpha)\{ax^2+(a\alpha+b)x+(a\alpha^2+b\alpha+c)\}$
が得られた！

▶ $x^3+2x^2-15x+14=0$ の場合

	1	2	-15	14	$\underline{2}$
		2	8	-14	
	1	4	-7	0	

1 ← x^2の係数　4 ← xの係数　-7 ← 定数項

上図より，2次式 は
x^2+4x-7 だと分かる！

以上より，
$x^3+2x^2-15x+14=(x-2)\cdot$ 2次式 を考え，
$x^3+2x^2-15x+14=(x-2)(x^2+4x-7)$
が得られた！

[解答]

```
1    2   -15    14  |2    ◀ x³+2x²-15x+14=0 の1つの解
     2     8   -14
─────────────────────
1    4    -7     0   より,
```

$x^3+2x^2-15x+14=(x-2)(x^2+4x-7)$ がいえるので,

$x^3+2x^2-15x+14=0$
$\Leftrightarrow (x-2)(x^2+4x-7)=0$ がいえる。

∴ $x=2, \ -2\pm\sqrt{11}$ ◀ $ax^2+2bx+c=0$ の解は $x=\dfrac{-b\pm\sqrt{b^2-ac}}{a}$

── 問題2 ──────────────────────────

$t^3+3t-6\sqrt{3}=0$ の実数解を求めよ。

[考え方]

　まず, $t^3+3t-6\sqrt{3}=0$ は3次方程式なので
Point 1 の **Step 1** について考えよう。

　普通は $t^3+3t-6\sqrt{3}=0$ に $t=0, \pm 1, \pm 2, \cdots\cdots$ のように
(絶対値が) 小さい整数を順に代入していけば 方程式の解がみつかる
のだが, 今回は絶対に解はみつからないよ。
なぜかって？

だって, $t^3+3t-6\sqrt{3}$ が0になるためには
$t^3+3t=6\sqrt{3}$ にならなければならないよね。
だけど,
t^3+3t に $t=0, \pm 1, \pm 2, \cdots\cdots$ のような整数を代入したって
$6\sqrt{3}$ になるわけないよね。　◀ t^3+3t から $\sqrt{3}$ が絶対に出てこないので！

つまり，t^3+3t から $6\sqrt{3}$ が出てくるようにするためには t に $k\sqrt{3}$ の形の値を代入しなければならないのである！
そこで，とりあえず $\sqrt{3}$ を代入してみよう。 ◀ $\sqrt{3}, -\sqrt{3}, 2\sqrt{3}, -2\sqrt{3}, \ldots\ldots$ のように代入していけばよい

$t^3+3t-6\sqrt{3}=0$ に $t=\sqrt{3}$ を代入すると，
$\quad(\sqrt{3})^3+3\sqrt{3}-6\sqrt{3}=0$
$\Leftrightarrow 3\sqrt{3}+3\sqrt{3}-6\sqrt{3}=0$
$\Leftrightarrow 0=0$ となり成立する！

よって，$t^3+3t-6\sqrt{3}=0$ の1つの解がみつかったね。

次に，**Step 2** に従って「組立除法」を用いて
$t^3+3t-6\sqrt{3}$ を（1次式）・（2次式）の形に変形しよう。

<u>t^3の係数</u>　<u>t^2の係数</u>　<u>tの係数</u>　<u>定数項</u>

1	0	3	$-6\sqrt{3}$	$\underline{\sqrt{3}}$ ◀ $t^3+3t-6\sqrt{3}=0$ の1つの解
	$\sqrt{3}$	3	$6\sqrt{3}$	
1	$\sqrt{3}$	6	0	より，

$t^3+3t-6\sqrt{3}=(t-\sqrt{3})(t^2+\sqrt{3}t+6)$ が得られた！

[解答]

1	0	3	$-6\sqrt{3}$	$\underline{\sqrt{3}}$ ◀ $t^3+3t-6\sqrt{3}=0$ の1つの解
	$\sqrt{3}$	3	$6\sqrt{3}$	
1	$\sqrt{3}$	6	0	より，

$t^3+3t-6\sqrt{3}=(t-\sqrt{3})(t^2+\sqrt{3}t+6)$ がいえるので，

$t^3+3t-6\sqrt{3}=0$
$\Leftrightarrow (t-\sqrt{3})(t^2+\sqrt{3}t+6)=0$ がいえる。

∴ $t=\sqrt{3}$ ◀ $t^2+\sqrt{3}t+6=0$ の解は $t=\dfrac{-\sqrt{3}\pm\sqrt{21}i}{2}$ のような虚数なので不適！（問題文より，tは実数だから）

問題3

$x^3 - 6x^2 - 6x - 7 = 0$ の実数解を求めよ。

[考え方]

問題1のように $x^3 - 6x^2 - 6x - 7 = 0$ に $x = 0, \pm 1, \pm 2, \pm 3, \pm 4, \pm 5$ を代入しても成立しないので、たいていの人は解をみつけるのをあきらめてしまうだろう。

しかし、次の **Point 2** を知っていれば、$x = 0, \pm 1, \pm 2, \pm 3, \pm 4, \pm 5, \ldots\ldots$ を代入していくようなムダな労力はいらない！

Point 2 〈整数係数の方程式の整数解について〉

整数を係数にもつ方程式 $x^n + a_{n-1}x^{n-1} \cdots + a_1 x + a_0 = 0 \ (a_0 \neq 0)$ が整数を解にもつならば、その整数解は
a_0(定数項) の約数である。

▶この **Point 2** の応用形の証明は入試で出題される(ただし、ちょっと難しい)ものなので、余力のある人は必ず証明まで できるようにしておくこと！
(その証明問題は『数と式 [整数問題] が本当によくわかる本』で詳しく解説します)

この **Point 2** より、$x^3 - 6x^2 - 6x - 7 = 0$ が整数の解をもつならば $x = 1$ or -1 or 7 or -7 しかありえないので、◀−7の約数は±1, ±7
この4つだけを調べればよいことが分かる！

$x^3 - 6x^2 - 6x - 7 = 0$ に $x = 1$ を代入すると、$-18 = 0$ となり成立しない。
$x^3 - 6x^2 - 6x - 7 = 0$ に $x = -1$ を代入すると、$-8 = 0$ となり成立しない。
$x^3 - 6x^2 - 6x - 7 = 0$ に $x = 7$ を代入すると、$0 = 0$ となり成立する。

よって、
$x = 7$ が $x^3 - 6x^2 - 6x - 7 = 0$ の解の1つである！

そこで，組立除法を用いて
x^3-6x^2-6x-7 を (1次式)・(2次式) の形に変形しよう。

x^3の係数　x^2の係数　xの係数　定数項

```
   1    −6    −6    −7  | 7    ◀ x³−6x²−6x−7=0 の1つの解
          7     7     7
  ─────────────────────
   1     1     1     0         より，
```

$x^3-6x^2-6x-7=(x-7)(x^2+x+1)$ が得られた！

[解答]

```
   1    −6    −6    −7  | 7    ◀ x³−6x²−6x−7=0 の1つの解
          7     7     7
  ─────────────────────
   1     1     1     0         より，
```

$x^3-6x^2-6x-7=(x-7)(x^2+x+1)$ がいえるので，

$x^3-6x^2-6x-7=0$
$\Leftrightarrow (x-7)(x^2+x+1)=0$ がいえる。

$\therefore x=7$　◀ $x^2+x+1=0$ の解は $x=\dfrac{-1\pm\sqrt{3}i}{2}$ のような
虚数なので不適！(問題文よりxは実数だから)

[補足] 問題1の $x^3+2x^2-15x+14=0$ の整数解について

14(定数項) の約数は $\pm 1,\ \pm 2,\ \pm 7,\ \pm 14$ なので，**Point 2** より
$x^3+2x^2-15x+14=0$ が整数解をもつならば，その整数解は
$x=1$ or $x=-1$ or $x=2$ or $x=-2$
or $x=7$ or $x=-7$ or $x=14$ or $x=-14$
のどれかである。

One Point Lesson は
ここまで。またね♪

One Point Lesson
～成分が与えられたベクトルの問題について～

　ベクトルの問題は，問題文で
$\vec{a}=(1, 0)$ のように **成分が与えられている場合** と
成分が与えられていない場合 の 2つのタイプがある。

いずれの場合にしても **ベクトルの問題では**
（成分を使わずに）ベクトルだけで考えるのが最も本質的で，しかも
一番はやく問題を解くことができる方法なのである。

つまり，
成分が与えられている問題でも，とりあえず 成分は使わないで
ベクトルだけで考えていって，最終的に 成分を使って
答えを求めればいいのである。　◀ 練習問題8参照

しかし，初めから成分を使わないと 逆に時間がかかってしまう，
という例外的な問題もあるので，ここでは そのような
成分を主役に使わなければならない典型的な問題について
解説しておくことにしよう。

問題 4

$\vec{a}=(2, 1)$, $\vec{b}=(-1, 1)$ であるとき，$\vec{c}=(1, 5)$ に対して $\vec{c}=k\vec{a}+l\vec{b}$ となるような実数 k, l を求めよ。

[考え方]

まず，次の**基本公式**は必ず覚えておこう。

基本公式

$\overrightarrow{OA}=(a, b)$, $\overrightarrow{OB}=(c, d)$ のとき，

① $x\overrightarrow{OA}=x(a, b)=(xa, xb)$

② $\overrightarrow{OA}+\overrightarrow{OB}=(a, b)+(c, d)=(a+c, b+d)$

この**基本公式**を踏まえて**問題 4**を実際に解いてみよう。

[解答]

$\vec{a}=(2, 1)$, $\vec{b}=(-1, 1)$, $\vec{c}=(1, 5)$ を $\vec{c}=k\vec{a}+l\vec{b}$ に代入する と， ◀ すべてを成分で表してみる！

$(1, 5)=k(2, 1)+l(-1, 1)$ ◀ $\vec{c}=k\vec{a}+l\vec{b}$

$\Leftrightarrow (1, 5)=(2k, k)+(-l, l)$ ◀ 基本公式の①を使った

$\Leftrightarrow (1, 5)=(2k-l, k+l)$ ……(*) ◀ 基本公式の②を使った

が得られる。

さらに，$(1, 5)=(2k-l, k+l)$ ……(*) から

$\begin{cases} 2k-l=1 \cdots\cdots ⓐ & ◀ (xの成分)=(xの成分) \\ k+l=5 \cdots\cdots ⓑ & ◀ (yの成分)=(yの成分) \end{cases}$

がいえる。 ◀ $(a,b)=(c,d)$ のとき $a=c$, $b=d$ がいえる

よって，

ⓐとⓑより ◀ ⓐ+ⓑ より，$3k=6$ ∴ $k=2$

$k=2$, $l=3$ // $k=2$ をⓑに代入する と，$2+l=5$ ∴ $l=3$

~成分が与えられたベクトルの問題について~ 109

問題5

右図のような正六角形ABCDEFについて以下の問いに答えよ。

(1) $\vec{AC}+2\vec{DE}-3\vec{FA}$ を成分で表すと
  ($\boxed{}$, $\boxed{}$) である。

(2) t を実数とするとき，
  $\vec{AB}+t\vec{EF}$ の大きさが最小になる
  t の値は $\boxed{}$ で
  そのときの最小値は $\boxed{}$ である。

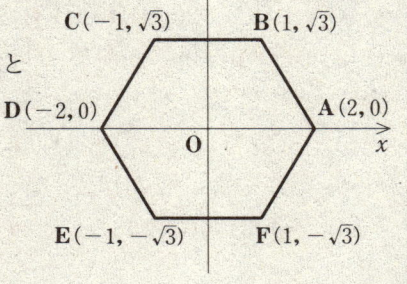

[センター試験]

[考え方]

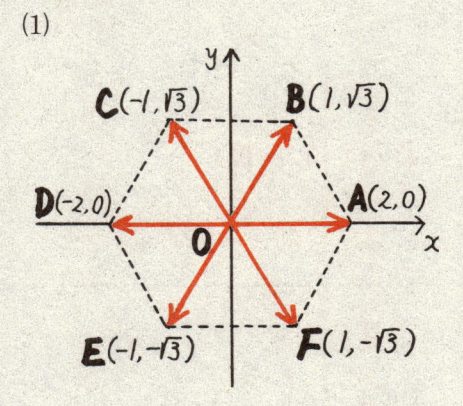

(1)

まず，左図より

$$\begin{cases} \vec{OA}=(2,\ 0) \\ \vec{OB}=(1,\ \sqrt{3}) \\ \vec{OC}=(-1,\ \sqrt{3}) \\ \vec{OD}=(-2,\ 0) \\ \vec{OE}=(-1,\ -\sqrt{3}) \\ \vec{OF}=(1,\ -\sqrt{3}) \end{cases} \quad \cdots\cdots(*)$$

が分かるよね。

そこで，
(*)が使えるようにするために，**Point 1.9**（始点の移動公式）を使って
$\vec{AC}+2\vec{DE}-3\vec{FA}$ の始点を O に書き直そう。

すると，
$\vec{AC} + 2\vec{DE} - 3\vec{FA}$
$= (-\vec{OA} + \vec{OC}) + 2(-\vec{OD} + \vec{OE}) - 3(-\vec{OF} + \vec{OA})$ ◀ Point 1.9を使って始点をOに変えた！
$= \{-(2, 0) + (-1, \sqrt{3})\} + 2\{-(-2, 0) + (-1, -\sqrt{3})\} - 3\{-(1, -\sqrt{3}) + (2, 0)\}$ ◀ (対)を代入した
$= \{(-2, 0) + (-1, \sqrt{3})\} + 2\{(2, 0) + (-1, -\sqrt{3})\} - 3\{(-1, \sqrt{3}) + (2, 0)\}$ ◀ $-(a,b) = (-a,-b)$
$= (-3, \sqrt{3}) + 2(1, -\sqrt{3}) - 3(1, \sqrt{3})$ ◀ 基本公式の②を使った
$= (-3, \sqrt{3}) + (2, -2\sqrt{3}) + (-3, -3\sqrt{3})$ ◀ 基本公式の①を使った
$= (-4, -4\sqrt{3})$ が得られた。 ◀ 基本公式の②を使った

[解答]

(1) $\vec{AC} + 2\vec{DE} - 3\vec{FA}$
$= (-\vec{OA} + \vec{OC}) + 2(-\vec{OD} + \vec{OE}) - 3(-\vec{OF} + \vec{OA})$ ◀ Point 1.9を使って始点をOに変えた！
$= \{-(2, 0) + (-1, \sqrt{3})\} + 2\{-(-2, 0) + (-1, -\sqrt{3})\} - 3\{-(1, -\sqrt{3}) + (2, 0)\}$
$= (-3, \sqrt{3}) + 2(1, -\sqrt{3}) - 3(1, \sqrt{3})$
$= (-4, -4\sqrt{3})$ ◀ $(-3, \sqrt{3}) + (2, -2\sqrt{3}) + (-3, -3\sqrt{3})$

[参考]

$\vec{DE}$ と $\vec{FA}$ については左図を考え，

$\begin{cases} \boxed{\vec{DE} = \vec{OF}} = (1, -\sqrt{3}) \\ \boxed{\vec{FA} = \vec{OB}} = (1, \sqrt{3}) \end{cases}$

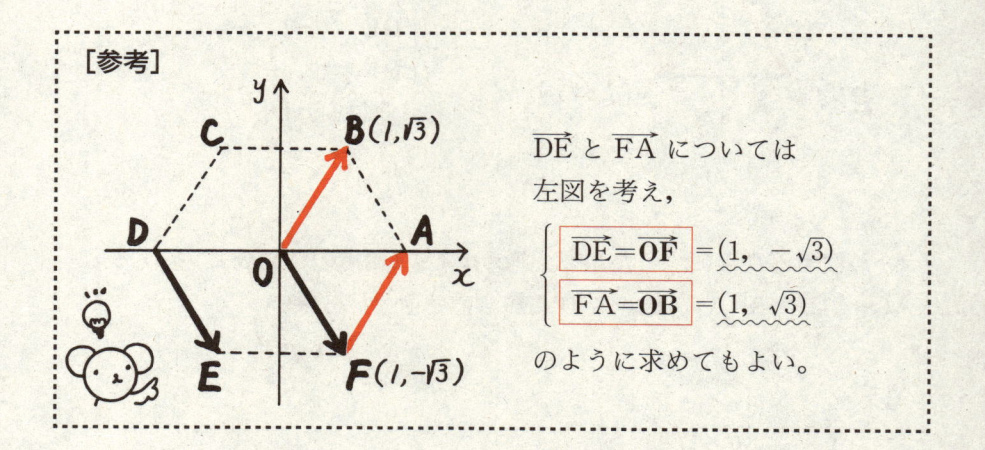

のように求めてもよい。

~成分が与えられたベクトルの問題について~   111

[考え方]
(2) まず，

$|\overrightarrow{AB}+t\overrightarrow{EF}|$ の形のままだと 変形のしようがないので，
(*)が使えるようにするために，**Point 1.9**（始点の移動公式）を使って
$\overrightarrow{AB}+t\overrightarrow{EF}$ の始点を O に書き直す と， ◀P.54の[参考]を見よ

$\overrightarrow{AB}+t\overrightarrow{EF}$
$=(-\overrightarrow{OA}+\overrightarrow{OB})+t(-\overrightarrow{OE}+\overrightarrow{OF})$ ◀Point 1.9を使って 始点をOに変えた！
$=\{-(2,\ 0)+(1,\ \sqrt{3})\}+t\{-(-1,\ -\sqrt{3})+(1,\ -\sqrt{3})\}$ ◀(*)を代入した
$=(-1,\ \sqrt{3})+t(2,\ 0)$ ◀基本公式の①と②を使った
$=(2t-1,\ \sqrt{3})$ が得られる。 ◀$\overrightarrow{AB}+t\overrightarrow{EF}$ の成分が分かった！

よって，**Point 2.5**（ベクトルの大きさの公式）を考え，
$|\overrightarrow{AB}+t\overrightarrow{EF}|=|(2t-1,\ \sqrt{3})|$ ◀$\overrightarrow{AB}+t\overrightarrow{EF}=(2t-1,\sqrt{3})$
$\qquad\qquad\ =\sqrt{(2t-1)^2+(\sqrt{3})^2}$ ◀$\vec{a}=(x,y)$のとき $|\vec{a}|=\sqrt{x^2+y^2}$
$\qquad\qquad\ =\sqrt{(2t-1)^2+3}$ ……(★) が得られる。 ◀$(\sqrt{3})^2=3$

ここで，
$(2t-1)^2$ は (実数)^2 の形なので
$(2t-1)^2\geqq 0$ がいえるよね。 ◀$(2t-1)^2$の最小値は0である

よって，
$(2t-1)^2$ は $t=\dfrac{1}{2}$ のときに最小になるよね。 ◀$t=\dfrac{1}{2}$のとき$(2t-1)^2$は0になる

よって，
$\sqrt{(2t-1)^2+3}$ は $t=\dfrac{1}{2}$ のときに最小値 $\sqrt{3}$ をとる。 ◀$\sqrt{0+3}=\sqrt{3}$

以上より，
$|\overrightarrow{AB}+t\overrightarrow{EF}|=\sqrt{(2t-1)^2+3}$ ……(★) を考え，
$|\overrightarrow{AB}+t\overrightarrow{EF}|$ は $t=\dfrac{1}{2}$ のときに最小値 $\sqrt{3}$ をとる。

[解答]

(2) $\vec{AB} + t\vec{EF}$
$= (-\vec{OA} + \vec{OB}) + t(-\vec{OE} + \vec{OF})$ ◀ Point 1.9 を使って 始点を O に変えた!
$= \{-(2, 0) + (1, \sqrt{3})\} + t\{-(-1, -\sqrt{3}) + (1, -\sqrt{3})\}$
$= (-1, \sqrt{3}) + t(2, 0)$
$= (2t-1, \sqrt{3})$ を考え,

$|\vec{AB} + t\vec{EF}| = |(2t-1, \sqrt{3})|$
$= \sqrt{(2t-1)^2 + (\sqrt{3})^2}$ ◀ Point 2.5
$= \sqrt{(2t-1)^2 + 3}$ が得られる。 ◀ $(\sqrt{3})^2 = 3$

よって,
$t = \dfrac{1}{2}$ のときに $|\vec{AB} + t\vec{EF}|$ は最小値 $\sqrt{3}$ をとる。

One Point Lesson は ここまで。バイバ〜イ♪

Point 一覧表 ～索引にかえて～

Point 1.1 〈ベクトルの基本的な性質Ⅰ〉 ――――――― (P.2)

　ベクトルは方向と大きさによって決まるので，
方向と大きさが共に等しいベクトルは 同じベクトルである。

Point 1.2 〈ベクトルの合成〉 ――――――― (P.4)

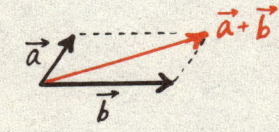

$\vec{a}+\vec{b}$ は左図のようになる。
◀ 平行四辺形になっている！

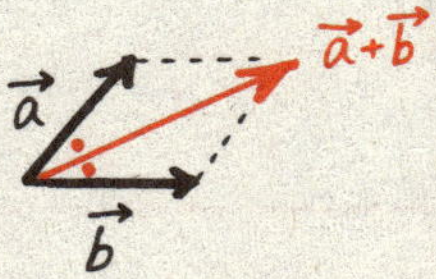

特に，$\vec{a}$ と $\vec{b}$ の大きさが等しいときには
$\vec{a}+\vec{b}$ は左図のようになる。
◀ ひし形になっているので，$\vec{a}+\vec{b}$ は
$\vec{a}$ と $\vec{b}$ のなす角を二等分している！

Point 1.3 〈ベクトルの基本的な性質Ⅱ〉 ――――――― (P.5)

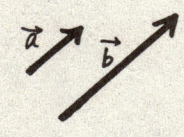

$\vec{a}$ と $\vec{b}$ は方向が同じで
$\vec{b}$ の大きさが $\vec{a}$ の大きさの t 倍ならば
$\vec{b}=t\vec{a}$ がいえる。

Point 1.4 〈ベクトルの基本的な性質Ⅲ〉 ――――――― (P.6)

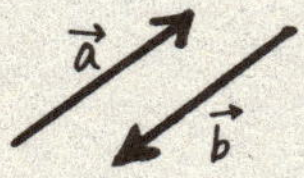

$\vec{a}$ と $\vec{b}$ の大きさが等しくて
方向が逆ならば
$\vec{b}=-\vec{a}$ がいえる。

Point 1.5 〈内分の公式〉 ——————————— (P.9)

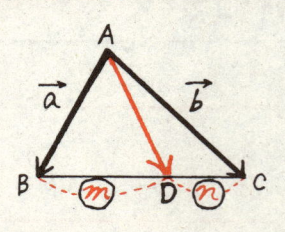

左図のように、
点 D が BC を $m:n$ に内分するとき
$$\vec{AD}=\frac{1}{m+n}(n\vec{a}+m\vec{b})$$
がいえる。

Point 1.6 〈中点の公式〉 ——————————— (P.10)

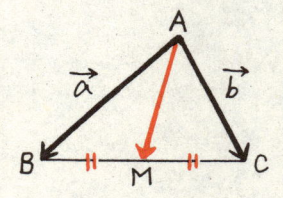

左図のように、
点 M が BC の中点になっているとき
$$\vec{AM}=\frac{1}{2}(\vec{a}+\vec{b})$$
がいえる。

Point 1.7 〈三角形の重心の公式〉 ——————— (P.12)

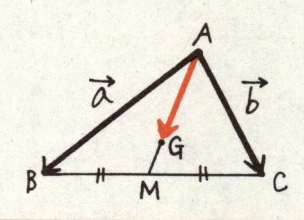

点 G を左図のような
三角形 ABC の重心とすると、
$$\vec{AG}=\frac{1}{3}(\vec{a}+\vec{b}) \quad \blacktriangleleft \vec{AG}=\frac{1}{3}(\vec{AB}+\vec{AC})$$
がいえる。

Point 1.8 〈角の二等分線に関する重要な公式〉 ——— (P.13)

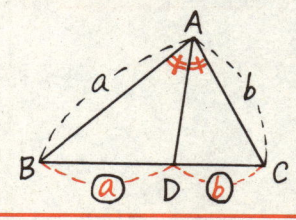

$\angle BAD = \angle CAD$ のとき、
$AB=a$, $AC=b$ とすると
$$BD:DC=a:b$$
がいえる。

Point 1.9 〈ベクトルの始点の移動公式〉 ──────── (P.15)

2点 A，B について，点 O がどこにあっても 必ず 次の関係が成立する。

$$\overrightarrow{AB} = -\overrightarrow{OA} + \overrightarrow{OB}$$

Point 1.10 〈入試問題（誘導問題）の考え方〉 ──── (解答編 P.6)

入試問題で(1)，(2)，……のような形で出題されていれば，ほぼ確実に前問の結果は次の問題のヒントになっている！

Point 1.11 〈三角形の重心の公式の一般形〉 ──── (解答編 P.8)

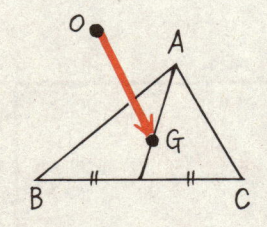

点 G を左図のような三角形 ABC の重心とすると

$$\overrightarrow{OG} = \frac{1}{3}(\overrightarrow{OA} + \overrightarrow{OB} + \overrightarrow{OC})$$

がいえる。◀ O はどこにあってもよい！

Point 1.12 〈三角形の内心の公式の一般形〉 ──── (解答編 P.9)

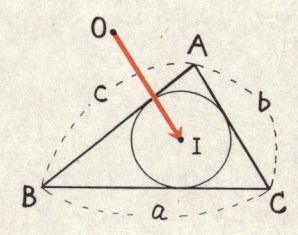

点 I を左図のような三角形 ABC の内心とすると

$$\overrightarrow{OI} = \frac{1}{a+b+c}(a\overrightarrow{OA} + b\overrightarrow{OB} + c\overrightarrow{OC})$$

がいえる。◀ O はどこにあってもよい！

Point 1.13 〈1次独立なベクトルに関する公式 I〉 ——— (P.23)

$\vec{OA}$ と $\vec{OB}$ が1次独立なとき ◀「1次独立」については P.24 を見よ
$a\vec{OA}+b\vec{OB}=\alpha\vec{OA}+\beta\vec{OB}$ ならば
$a=\alpha$ と $b=\beta$ がいえる。 ◀$\vec{OA}$ と $\vec{OB}$ の係数がそれぞれ等しい！

Point 1.14 〈$\vec{OP}$（ベクトル）の求め方〉 ——— (P.25)

Step 1

Point 1.13 を使うために
$\vec{OP}$ を $\vec{OA}$ と $\vec{OB}$ だけを用いて，2通りで表す。

▶ $\begin{cases} \vec{OP}=a\vec{OA}+b\vec{OB} & \cdots\cdots ① \\ \vec{OP}=\alpha\vec{OA}+\beta\vec{OB} & \cdots\cdots ② \end{cases}$

Step 2

①と②から
$a\vec{OA}+b\vec{OB}=\alpha\vec{OA}+\beta\vec{OB}$ がいえるので， ◀ $\vec{OP}=\vec{OP}$
Point 1.13 より $a=\alpha$ と $b=\beta$ が得られる！

Point 1.15 〈線分の比の置き方〉 ——— (P.27)

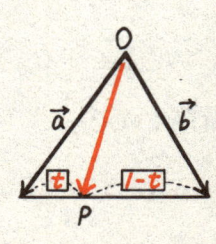

点 P が線分を □ : □ に内分しているのか
分からないときは，
内分比を 左図のように
$t : 1-t$ （または $1-t : t$）
とおけ！ ◀ P.46 の [参考事項] を見よ

Point 1.16 〈3点が同一直線上にある条件〉 ———————— (P.29)

左図のように,
3点 O, A, B が同一直線上にあるとき,
$\overrightarrow{OB} = k\overrightarrow{OA}$ (k は適当な定数)
がいえる。

Point 2.1 〈ベクトルの内積の定義〉 ———————— (P.48)

$\vec{a}$ と $\vec{b}$ のなす角を θ ($0° \leqq \theta \leqq 180°$) とおくと
$\vec{a}$ と $\vec{b}$ の内積 $\vec{a} \cdot \vec{b}$ は
$\vec{a} \cdot \vec{b} = |\vec{a}||\vec{b}|\cos\theta$ ◀ $\vec{a}$ と $\vec{b}$ の内積は, ($\vec{a}$ の大きさ) と ($\vec{b}$ の大きさ) と
となる。　　　　　　　　　　　$\cos\theta$ の積で表すことができる!

Point 2.2 〈2つのベクトルが垂直であるための条件〉 — (P.49)

$\vec{a} \neq \vec{0}$, $\vec{b} \neq \vec{0}$ のとき,
$\vec{a} \perp \vec{b} \Leftrightarrow \vec{a} \cdot \vec{b} = 0$

Point 2.3 〈内積の基本公式〉 ———————— (P.49)

$\vec{a} \cdot \vec{a} = |\vec{a}|^2$

Point 2.4 〈ベクトルの内積(成分の場合)〉 ———— (P.50)

$\vec{a} = (\alpha, \beta)$, $\vec{b} = (x, y)$ のとき
$\vec{a} \cdot \vec{b} = \alpha x + \beta y$ ◀ x 座標と y 座標をそれぞれ掛けて加える

Point 2.5 〈ベクトルの大きさ〉 ———————— (P.50)

$\vec{a} = (x, y)$ のとき, $|\vec{a}| = \sqrt{x^2 + y^2}$ がいえる。

Point 2.6 〈ベクトルのなす角の求め方〉 ──── (P.51)

　ベクトルのなす角を求める問題では
内積 [▶ $\vec{a}\cdot\vec{b}=|\vec{a}||\vec{b}|\cos\theta$] を使って求めよ！

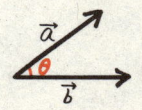

Point 2.4' 〈ベクトルの内積（成分の場合）〉 ──── (P.52)

　$\vec{a}=(\alpha,\ \beta,\ \gamma),\ \vec{b}=(x,\ y,\ z)$ のとき
$\vec{a}\cdot\vec{b}=\alpha x+\beta y+\gamma z$　◀ x座標とy座標とZ座標をそれぞれ掛けて加える

Point 2.7 〈ベクトルの内積の展開公式Ⅰ〉 ──── (P.52)

　$(\vec{a}+\vec{b})\cdot(\vec{x}+\vec{y})=\vec{a}\cdot\vec{x}+\vec{a}\cdot\vec{y}+\vec{b}\cdot\vec{x}+\vec{b}\cdot\vec{y}$

Point 2.8 〈ベクトルの内積の展開公式Ⅱ〉 ──── (P.55)

　$|x\vec{a}+y\vec{b}|^2=x^2|\vec{a}|^2+2xy\vec{a}\cdot\vec{b}+y^2|\vec{b}|^2$

Point 2.9 〈外心の重要な性質〉 ──── (P.64)

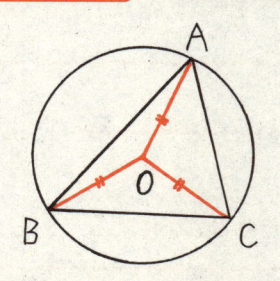

　左図のように
△ABC の外心を O とおくと
OA＝OB＝OC　◀ 円の半径
がいえる。

Point 3.1 〈三角形の面積比に関する基本公式 I〉 ——— (P.79)

右図のとき，
$S_x : S_y = x : y$ がいえる。

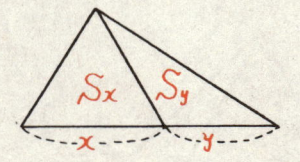

Point 3.2 〈$a\overrightarrow{OA}+b\overrightarrow{OB}+c\overrightarrow{OC}=\overrightarrow{0}$ についての面積比の公式〉 ——— (P.81)

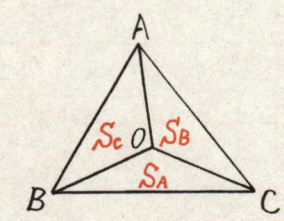

左図のような $\triangle ABC$ について
$a\overrightarrow{OA}+b\overrightarrow{OB}+c\overrightarrow{OC}=\overrightarrow{0}$ （a, b, c は正の数）
が成立するとき，
$S_A : S_B : S_C = a : b : c$ がいえる。

Point 3.3 〈三角形の面積比に関する基本公式 II〉 ——— (P.85)

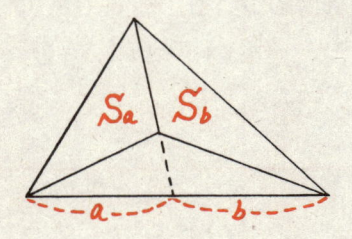

左図のとき，
$S_a : S_b = a : b$ がいえる。

Point 3.4 〈四面体(三角すい)の体積の公式〉 ——— (P.95)

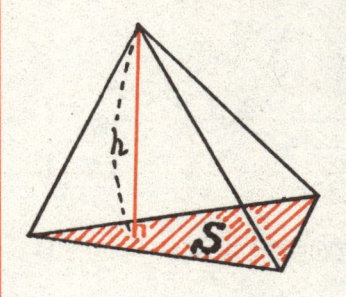

(四面体の体積)
$= \frac{1}{3} \cdot$(底面積)$\cdot$(高さ)　◀ $V = \frac{1}{3} \cdot S \cdot h$

Point 1 〈3次方程式の解き方〉 ——— (P.96)

Step 1　3次方程式の解を1つみつける。

Step 2　組立除法を使って，
　　　　　3次方程式を (1次式)・(2次式)＝0 の形にする。

Point 2 〈整数係数の方程式の整数解について〉 ——— (P.105)

整数を係数にもつ方程式 $x^n + a_{n-1}x^{n-1} \cdots + a_1 x + a_0 = 0$ $(a_0 \neq 0)$ が整数を解にもつならば，その整数解は
a_0(定数項)の約数である。

細野真宏の
ベクトル[平面図形]が
本当によくわかる本

解答&解説編

「別冊解答・解説編」は本体にこの表紙を残したまま、ていねいに抜き取ってください。
なお、「別冊解答・解説編」抜き取りの際の損傷についてのお取り替えはご遠慮願います。

小学館

1週間集中講義シリーズ

偏差値を30から70に上げる数学

細野真宏の
ベクトル[平面図形]が
本当によくわかる本

解答&解説

小学館

Section 1 ベクトルの基本公式とその使い方について

1

[考え方]

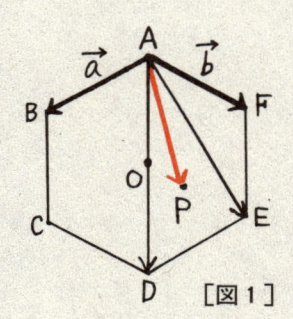

まず,点 P は △ADE の重心なので

$$\overrightarrow{AP} = \frac{1}{3}(\overrightarrow{AD} + \overrightarrow{AE}) \quad \cdots\cdots ①$$ ◀ Point1.7

がいえるよね。

[図1]

ここで,①を考え,
$\overrightarrow{AP}$ を $\vec{a}$ と $\vec{b}$ だけで表すために
$\overrightarrow{AD}$ と $\overrightarrow{AE}$ について考えよう。

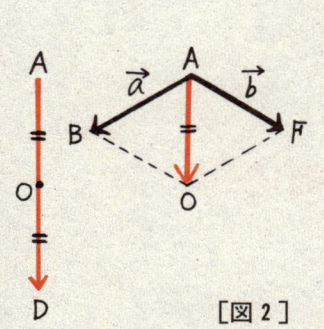

まず,[図2]を考え,
$\overrightarrow{AD}$ は $\overrightarrow{AO}$ を2倍したもの だと
分かるよね。

さらに,

四角形 ABOF はひし形だから ◀[図2]を見よ
$\overrightarrow{AO} = \vec{a} + \vec{b}$ がいえる ので, ◀ Point1.2

$\overrightarrow{AD} = 2\overrightarrow{AO}$ ◀ $\overrightarrow{AD}$ は $\overrightarrow{AO}$ を2倍したもの！
$\Leftrightarrow \overrightarrow{AD} = 2(\vec{a} + \vec{b}) \quad \cdots\cdots ②$ ◀ $\overrightarrow{AO} = \vec{a}+\vec{b}$ を代入した

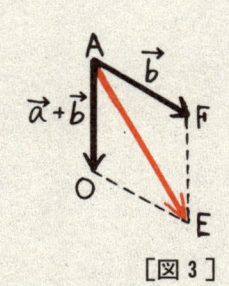

[図2]

また,

四角形 AOEF はひし形だから ◀[図3]を見よ
$\overrightarrow{AE} = \overrightarrow{AO} + \overrightarrow{AF}$ がいえる ので, ◀ Point1.2

$\overrightarrow{AE} = \overrightarrow{AO} + \overrightarrow{AF}$
$\quad = (\vec{a} + \vec{b}) + \vec{b}$ ◀ $\overrightarrow{AO}=\vec{a}+\vec{b}$ と $\overrightarrow{AF}=\vec{b}$ を代入した
$\therefore \overrightarrow{AE} = \vec{a} + 2\vec{b} \quad \cdots\cdots ③$ ◀ 整理した

[図3]

よって，
$\boxed{\text{②と③を①に代入する}}$ と， ◀ $\vec{AP}$ を $\vec{a}$ と $\vec{b}$ だけで表す！

$\vec{AP} = \dfrac{1}{3}(\vec{AD}+\vec{AE})$ ……①

$\phantom{\vec{AP}} = \dfrac{1}{3}\{2(\vec{a}+\vec{b})+(\vec{a}+2\vec{b})\}$ ◀ $\vec{AD}=2(\vec{a}+\vec{b})$ と $\vec{AE}=\vec{a}+2\vec{b}$ を代入した！

$\phantom{\vec{AP}} = \dfrac{1}{3}(3\vec{a}+4\vec{b})$ ◀ 展開して整理した

$\phantom{\vec{AP}} = \vec{a}+\dfrac{4}{3}\vec{b}$

[解答]

　　点 P は △ADE の重心なので

$\boxed{\vec{AP} = \dfrac{1}{3}(\vec{AD}+\vec{AE})}$ ……① がいえる。 ◀ Point 1.7

さらに，

$\begin{cases} \boxed{\vec{AD}=2\vec{AO}} \\ \phantom{\vec{AD}}=2(\vec{a}+\vec{b}) \cdots ② \\ \boxed{\vec{AE}=\vec{AO}+\vec{AF}} \\ \phantom{\vec{AE}}=\vec{a}+2\vec{b} \cdots ③ \end{cases}$

◀ $\vec{AO}=\vec{a}+\vec{b}$ (例題1参照)

◀ Point 1.2

◀ $\vec{AF}=\vec{b}$ (問題文より)

がいえるので

$\boxed{\text{②と③を①に代入する}}$ と， ◀ $\vec{AP}$ を $\vec{a}$ と $\vec{b}$ だけで表す！

$\vec{AP} = \dfrac{1}{3}\{2(\vec{a}+\vec{b})+(\vec{a}+2\vec{b})\}$

∴ $\vec{AP} = \vec{a}+\dfrac{4}{3}\vec{b}$ ◀ 展開して整理した

2

[考え方]

(1) $\vec{AG}$ は **例題4** で求めているから簡単だよね。

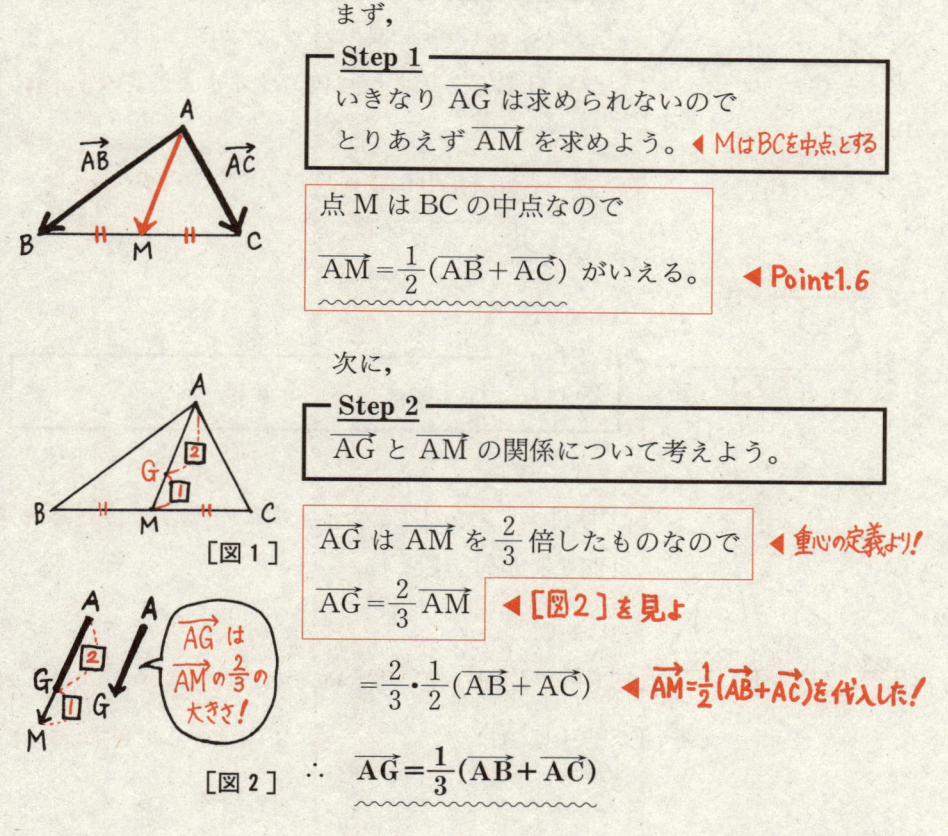

まず,

Step 1
いきなり $\vec{AG}$ は求められないので とりあえず $\vec{AM}$ を求めよう。 ◀ MはBCを中点,とする

点 M は BC の中点なので
$\vec{AM} = \dfrac{1}{2}(\vec{AB} + \vec{AC})$ がいえる。 ◀ Point1.6

次に,

Step 2
$\vec{AG}$ と $\vec{AM}$ の関係について考えよう。

[図1]

$\vec{AG}$ は $\vec{AM}$ を $\dfrac{2}{3}$ 倍したものなので ◀ 重心の定義より!
$\vec{AG} = \dfrac{2}{3}\vec{AM}$ ◀ [図2]を見よ

$\vec{AG}$ は $\vec{AM}$ の $\dfrac{2}{3}$ の大きさ!

$= \dfrac{2}{3} \cdot \dfrac{1}{2}(\vec{AB} + \vec{AC})$ ◀ $\vec{AM} = \dfrac{1}{2}(\vec{AB}+\vec{AC})$ を代入した!

[図2] ∴ $\vec{AG} = \dfrac{1}{3}(\vec{AB} + \vec{AC})$

$\vec{AI}$ についても $\vec{AG}$ と全く同様に考えてみよう。

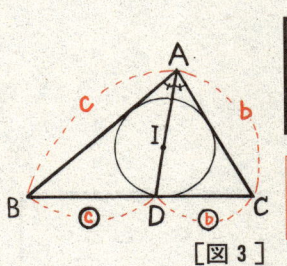

まず,

Step 1
いきなり $\vec{AI}$ は求められないので
とりあえず $\vec{AD}$ を求めよう。◀ 直線AIとBCの交点をDとする

[図3]

AI は ∠BAC の二等分線だから
点 D は BC を $c:b$ に内分する よね。 ◀ Point 1.8

よって,
$$\vec{AD} = \frac{1}{b+c}(b\vec{AB} + c\vec{AC}) \quad \cdots\cdots ①$$ ◀ Point 1.5

がいえる。

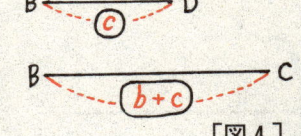

次に,

Step 2
$\vec{AI}$ と $\vec{AD}$ の関係について考えよう。

[図4]

まず,
BD は BC $[=a]$ の $\dfrac{c}{b+c}$ 倍なので ◀[図4]を見よ
[図5] がいえるよね。

よって,

[図5]

BI は ∠ABD の二等分線であることを考え ◀[図6]を見よ
点 I は AD を $c : \dfrac{c}{b+c}a$ に内分する ◀ Point 1.8

ことが分かるよね。

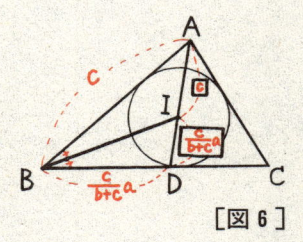

さらに,例えば $3:\dfrac{9}{2}$ が,

[図6]

$3:\dfrac{9}{2}$
$=6:9$ ◀ 2を掛けて分母を払った
$=2:3$ ◀ 3で割った

と書き直せるように,

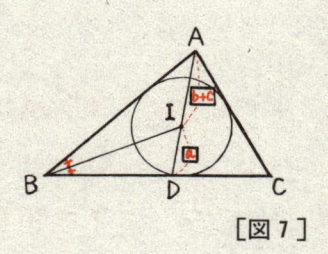

$c : \dfrac{c}{b+c}a$ は

$$c : \dfrac{c}{b+c}a$$
$$= c(b+c) : ca \quad \blacktriangleleft b+c を掛けて分母を払った$$
$$= b+c : a \quad \blacktriangleleft cで割った$$

[図7]

と書き直すことができるので

点 I は AD を $b+c : a$ に内分することが分かった！ ◀ [図8]を見よ

よって，

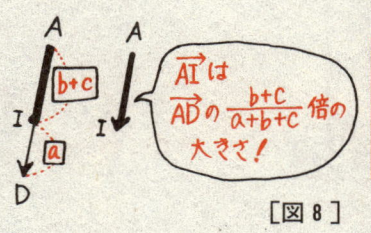

[図8]

$\overrightarrow{AI}$ は $\overrightarrow{AD}$ を $\dfrac{b+c}{a+b+c}$ 倍したものなので

$$\overrightarrow{AI} = \dfrac{b+c}{a+b+c}\overrightarrow{AD} \quad \blacktriangleleft [図8]を見よ$$

$$= \dfrac{b+c}{a+b+c} \cdot \dfrac{1}{b+c}(b\overrightarrow{AB} + c\overrightarrow{AC}) \quad \blacktriangleleft ①を代入した$$

$$\therefore \overrightarrow{AI} = \dfrac{1}{a+b+c}(b\overrightarrow{AB} + c\overrightarrow{AC}) \quad \blacktriangleleft \dfrac{b+c}{b+c} = 1$$

$\overrightarrow{AI}$ は $\overrightarrow{AD}$ の $\dfrac{b+c}{a+b+c}$ 倍の大きさ！

[解答]
(1)

BC の中点を M とおくと

$$\overrightarrow{AM} = \dfrac{1}{2}(\overrightarrow{AB} + \overrightarrow{AC}) \text{ がいえ,} \quad \blacktriangleleft \text{Point 1.6}$$

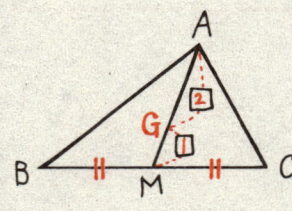

$\overrightarrow{AG}$ は $\overrightarrow{AM}$ を $\dfrac{2}{3}$ 倍したものなので，◀ 重心の定義より！

$$\overrightarrow{AG} = \dfrac{2}{3}\overrightarrow{AM}$$

$$= \dfrac{2}{3} \cdot \dfrac{1}{2}(\overrightarrow{AB} + \overrightarrow{AC}) \quad \blacktriangleleft \overrightarrow{AM} = \dfrac{1}{2}(\overrightarrow{AB} + \overrightarrow{AC})を代入した$$

$$\therefore \overrightarrow{AG} = \dfrac{1}{3}(\overrightarrow{AB} + \overrightarrow{AC})$$

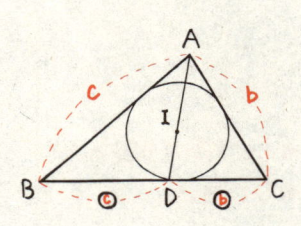

直線 AI と BC の交点を D とおくと，
AI は ∠BAC の二等分線なので
点 D は BC を $c:b$ に内分する。 ◀ Point 1.8

よって，
$$\overrightarrow{AD} = \frac{1}{b+c}(b\overrightarrow{AB} + c\overrightarrow{AC}) \cdots\cdots ①$$ ◀ Point 1.5

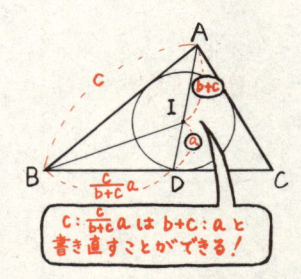

また，
BI は ∠ABC の二等分線なので
点 I は AD を $b+c:a$ に内分する。 ◀ Point 1.8

$c : \frac{c}{b+c}a$ は $b+c : a$ と書き直すことができる！

よって，
$$\overrightarrow{AI} = \frac{b+c}{a+b+c}\overrightarrow{AD}$$ がいえるので，

$$\overrightarrow{AI} = \frac{1}{a+b+c}(b\overrightarrow{AB} + c\overrightarrow{AC})$$ ◀ ①を代入した

[考え方]
(2) まず，次の **Point 1.10** は必ず知っておこう。

Point 1.10 〈入試問題（誘導問題）の考え方〉

入試問題で(1)，(2)，……のような形で出題されていれば，ほぼ確実に**前問の結果は次の問題のヒントになっている！**

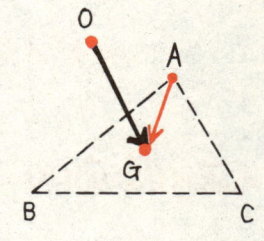

Point 1.10 を考え，
前の問題の(1)で $\overrightarrow{AG}$ を求めているので
まず，$\overrightarrow{OG}$ と $\overrightarrow{AG}$ の関係について考えよう。

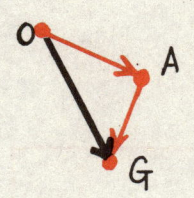

O から G に行くためには
O から G に直接行く方法 [◀$\overrightarrow{OG}$] と
O から A に行き，A から G に行く方法 [◀$\overrightarrow{OA}+\overrightarrow{AG}$]
があるよね。 ◀左図を見よ！

よって，
$$\boxed{\overrightarrow{OG}=\overrightarrow{OA}+\overrightarrow{AG}}$$ がいえる。 ◀$\overrightarrow{OG}$と，(1)で求めた$\overrightarrow{AG}$の関係式が求められた！

そこで，
$$\boxed{(1)の結果の \ \overrightarrow{AG}=\frac{1}{3}(\overrightarrow{AB}+\overrightarrow{AC}) \ を代入する}$$ と ◀(1)の結果を使う！

$\overrightarrow{OG}=\overrightarrow{OA}+\frac{1}{3}(\overrightarrow{AB}+\overrightarrow{AC})$ ……(*) が得られる。

とりあえず $\overrightarrow{OG}$ が求められたような感じがするけれど，
問題文では
「$\overrightarrow{OG}$ を $\overrightarrow{OA}$ と $\overrightarrow{OB}$ と $\overrightarrow{OC}$ を用いて表せ」となっているので
(*)には $\overrightarrow{AB}$ と $\overrightarrow{AC}$ が入っていて，ちょっと まずいよね。
そこで，
$$\boxed{\begin{array}{l}\overrightarrow{AB} と \overrightarrow{AC} を \overrightarrow{OA} と \overrightarrow{OB} と \overrightarrow{OC} を使って表すために \\ \overrightarrow{AB} と \overrightarrow{AC} の始点を O に書き直そう！\end{array}}$$

Point 1.9（ベクトルの始点の移動公式）より
$\boxed{\overrightarrow{AB}=-\overrightarrow{OA}+\overrightarrow{OB} と \overrightarrow{AC}=-\overrightarrow{OA}+\overrightarrow{OC} \ がいえる}$ ので，

$\overrightarrow{OG}=\overrightarrow{OA}+\frac{1}{3}(\overrightarrow{AB}+\overrightarrow{AC})$ ……(*)

$\quad =\overrightarrow{OA}+\frac{1}{3}\{(-\overrightarrow{OA}+\overrightarrow{OB})+(-\overrightarrow{OA}+\overrightarrow{OC})\}$ ◀$\overrightarrow{OA}$と$\overrightarrow{OB}$と$\overrightarrow{OC}$だけで表せた！

$\quad =\overrightarrow{OA}+\frac{1}{3}(-2\overrightarrow{OA}+\overrightarrow{OB}+\overrightarrow{OC})$ ◀整理した

$\quad =\frac{1}{3}(3\overrightarrow{OA}-2\overrightarrow{OA}+\overrightarrow{OB}+\overrightarrow{OC})$ ◀$\frac{1}{3}$でくくった

∴ $\overrightarrow{OG}=\frac{1}{3}(\overrightarrow{OA}+\overrightarrow{OB}+\overrightarrow{OC})$ ◀整理した

▶大学入試では重心を求める問題は非常によく出題されるので、この結果は「**三角形の重心の公式**」として必ず覚えておくこと！

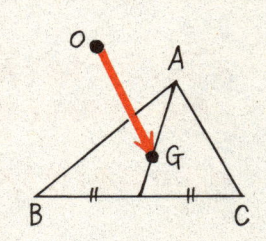

Point 1.11 〈三角形の重心の公式の一般形〉

点 G を左図のような三角形 ABC の重心とすると

$$\overrightarrow{OG} = \frac{1}{3}(\overrightarrow{OA} + \overrightarrow{OB} + \overrightarrow{OC})$$

がいえる。 ◀ O はどこにあってもよい！

$\overrightarrow{OI}$ についても $\overrightarrow{OG}$ と全く同様に考えてみよう。

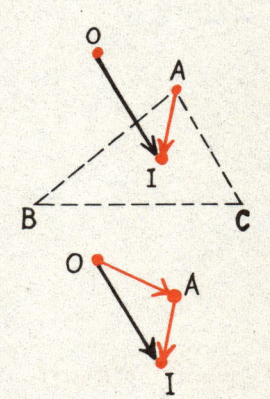

O から I に行くためには
O から I に直接行く方法 [◀ $\overrightarrow{OI}$] と
O から A に行き，A から I に行く方法 [◀ $\overrightarrow{OA} + \overrightarrow{AI}$]
があるよね。 ◀ 左図を見よ！

よって，

$\boxed{\overrightarrow{OI} = \overrightarrow{OA} + \overrightarrow{AI}}$ がいえる。 ◀ $\overrightarrow{OI}$ と、(1)で求めた $\overrightarrow{AI}$ の関係式が求められた！

そこで，

$\boxed{\text{(1)の結果の } \overrightarrow{AI} = \frac{1}{a+b+c}(b\overrightarrow{AB} + c\overrightarrow{AC}) \text{ を代入する}}$ と ◀ (1)の結果を使う！

$\overrightarrow{OI} = \overrightarrow{OA} + \frac{1}{a+b+c}(b\overrightarrow{AB} + c\overrightarrow{AC})$ ……(**) が得られる。

さらに，**Point 1.9**（ベクトルの始点の移動公式）より
$\boxed{\overrightarrow{AB}=-\overrightarrow{OA}+\overrightarrow{OB} \text{ と } \overrightarrow{AC}=-\overrightarrow{OA}+\overrightarrow{OC} \text{ がいえる}}$ ので，◀ 始点をOに書き直した！

$\overrightarrow{OI}=\overrightarrow{OA}+\dfrac{1}{a+b+c}(b\overrightarrow{AB}+c\overrightarrow{AC})$ ……(**)

$=\overrightarrow{OA}+\dfrac{1}{a+b+c}\{b(-\overrightarrow{OA}+\overrightarrow{OB})+c(-\overrightarrow{OA}+\overrightarrow{OC})\}$ ◀ $\overrightarrow{OA}$と$\overrightarrow{OB}$と$\overrightarrow{OC}$だけで表せた！

$=\overrightarrow{OA}+\dfrac{1}{a+b+c}(-b\overrightarrow{OA}+b\overrightarrow{OB}-c\overrightarrow{OA}+c\overrightarrow{OC})$ ◀ 展開した

$=\overrightarrow{OA}+\dfrac{1}{a+b+c}\{(-b-c)\overrightarrow{OA}+b\overrightarrow{OB}+c\overrightarrow{OC}\}$ ◀ 整理した

$=\dfrac{a+b+c}{a+b+c}\overrightarrow{OA}+\dfrac{1}{a+b+c}\{(-b-c)\overrightarrow{OA}+b\overrightarrow{OB}+c\overrightarrow{OC}\}$ ◀ 分母をそろえた

$=\dfrac{1}{a+b+c}\{(a+b+c)\overrightarrow{OA}+(-b-c)\overrightarrow{OA}+b\overrightarrow{OB}+c\overrightarrow{OC}\}$ ◀ $\dfrac{1}{a+b+c}$でくくった

∴ $\underline{\overrightarrow{OI}=\dfrac{1}{a+b+c}(a\overrightarrow{OA}+b\overrightarrow{OB}+c\overrightarrow{OC})}$ ◀ 整理した

▶計算過程は汚かったけれど，
最終的な結果は けっこうキレイな形になったね。
大学入試では 内心を求める問題もよく出題されるので，
この結果は「三角形の内心の公式」として 必ず覚えておくこと！

Point 1.12 〈三角形の内心の公式の一般形〉

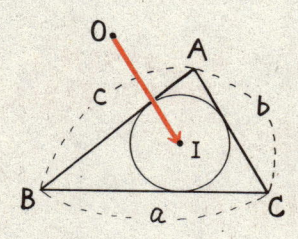

点 I を
左図のような三角形 ABC の内心とすると
$\overrightarrow{OI}=\dfrac{1}{a+b+c}(a\overrightarrow{OA}+b\overrightarrow{OB}+c\overrightarrow{OC})$
がいえる。◀ O はどこにあってもよい！

Section 1

[補足]

(1)で求めた $\vec{AI} = \dfrac{1}{a+b+c}(b\vec{AB}+c\vec{AC})$ については

同じ(1)で求めた $\vec{AG} = \dfrac{1}{3}(\vec{AB}+\vec{AC})$ ◀これは覚えるべき式 (Point 1.7)

に比べれば あまり出題されるものではないので，
いちいち覚える必要はないと思う。

また，仮に出題されたとしても，この **Point 1.12** さえ知っていれば
次のように 簡単に導くことができる！

$\boxed{\vec{AI} = \dfrac{1}{a+b+c}(b\vec{AB}+c\vec{AC})}$ の導き方

▶「三角形の内心の公式の一般形」である， ◀Point 1.12

$\boxed{\vec{OI} = \dfrac{1}{a+b+c}(a\vec{OA}+b\vec{OB}+c\vec{OC})\text{ の O に A を代入する}}$ と

$\vec{AI} = \dfrac{1}{a+b+c}(a\vec{AA}+b\vec{AB}+c\vec{AC})$ ◀$\vec{AI}$をつくる！

$\qquad = \dfrac{1}{a+b+c}(b\vec{AB}+c\vec{AC})$ ◀$\vec{AA}=\vec{0}$

[解答]

(2) $\boxed{\vec{OG}=\vec{OA}+\vec{AG}}$ ◀[考え方]参照

$\qquad = \vec{OA}+\dfrac{1}{3}(\vec{AB}+\vec{AC})$ ◀(1)の結果を使った！

$\qquad = \vec{OA}+\dfrac{1}{3}\{(-\vec{OA}+\vec{OB})+(-\vec{OA}+\vec{OC})\}$ ◀Point 1.9を使って始点をOに書き直した！

$\qquad = \vec{OA}+\dfrac{1}{3}(-2\vec{OA}+\vec{OB}+\vec{OC})$ ◀整理した

∴ $\vec{OG}=\dfrac{1}{3}(\vec{OA}+\vec{OB}+\vec{OC})$ ◀$\dfrac{1}{3}$でくくって整理した

$\overline{OI} = \overline{OA} + \overline{AI}$ ◀[考え方]参照

$= \overline{OA} + \dfrac{1}{a+b+c}(b\overline{AB} + c\overline{AC})$ ◀(1)の結果を使った！

$= \overline{OA} + \dfrac{1}{a+b+c}\{b(-\overline{OA}+\overline{OB}) + c(-\overline{OA}+\overline{OC})\}$ ◀始点をOに書き直した！

$= \overline{OA} + \dfrac{1}{a+b+c}\{(-b-c)\overline{OA} + b\overline{OB} + c\overline{OC}\}$ ◀整理した

$\therefore \overline{OI} = \dfrac{1}{a+b+c}(a\overline{OA} + b\overline{OB} + c\overline{OC})$ ◀$\dfrac{1}{a+b+c}$ でくくって整理した

3

[考え方]

(1) これは**例題1**や**例題2**や**例題3**などとほとんど同じ問題だから，特に問題はないよね。

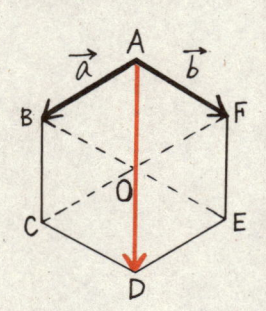

左図のようにOを設定すると，

$\overline{AO} = \overline{AB} + \overline{AF}$ から ◀四角形ABOFはひし形

$\overline{AO} = \vec{a} + \vec{b}$ ……①

がいえるので，

$\overline{AD} = 2\overline{AO}$ を考え ◀左図を見よ

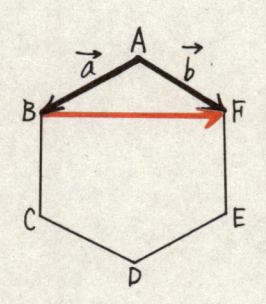

$\overline{AD} = 2(\vec{a} + \vec{b})$ ……② ◀①を代入した

$\overline{BF} = -\overline{AB} + \overline{AF}$ から ◀Point1.9を使って始点をAに書き直した！

$\overline{BF} = -\vec{a} + \vec{b}$ ……③

がいえる。

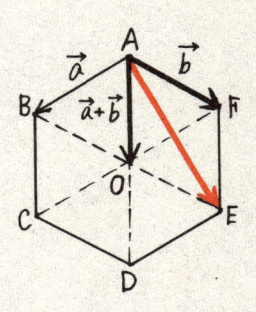

$\overrightarrow{AE} = \overrightarrow{AO} + \overrightarrow{AF}$ から ◀ 四角形AOEFはひし形

$\overrightarrow{AE} = (\vec{a} + \vec{b}) + \vec{b}$ ◀ ①と$\overrightarrow{AF}=\vec{b}$を代入した

がいえるので，

$\overrightarrow{AE} = \vec{a} + 2\vec{b}$ ……④

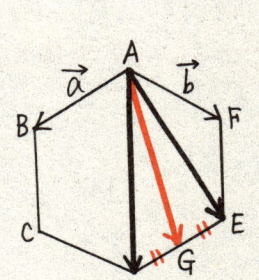

点 G は DE の中点なので
$\overrightarrow{AG} = \dfrac{1}{2}(\overrightarrow{AD} + \overrightarrow{AE})$ ◀ Point1.6

$\quad = \dfrac{1}{2}\{2(\vec{a}+\vec{b}) + (\vec{a}+2\vec{b})\}$ ◀ ②と④を代入した

$\quad = \dfrac{1}{2}(3\vec{a} + 4\vec{b})$

$\therefore \ \overrightarrow{AG} = \dfrac{3}{2}\vec{a} + 2\vec{b}$ ……⑤

[解答]

(1)

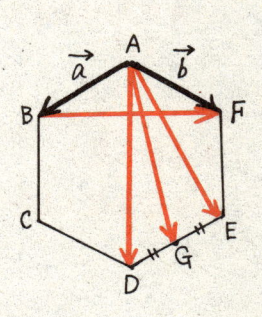

$\overrightarrow{AD} = 2(\vec{a}+\vec{b})$

$\overrightarrow{BF} = -\vec{a} + \vec{b}$

$\overrightarrow{AE} = \vec{a} + 2\vec{b}$

$\overrightarrow{AG} = \dfrac{3}{2}\vec{a} + 2\vec{b}$

[考え方]
(2)

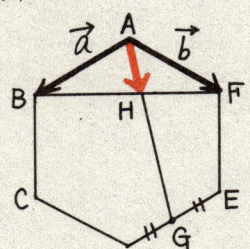

$\vec{AH}$ を求めるためには
$\vec{AH}$ を $\vec{a}$ と $\vec{b}$ を使って2通りで表せばいい
よね。 ◀ Point 1.14

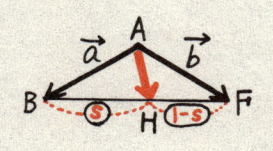

まず，BH：HF が分からないので
BH：HF $= s:1-s$ とおく と， ◀ Point 1.15
$\vec{AH} = (1-s)\vec{a} + s\vec{b}$ ……⑥ ◀ Point 1.5
がいえる。

また，
3点 A，H，G は同一直線上にあるから
$\vec{AH} = k\vec{AG}$ とおける ので ◀ Point 1.16
$\vec{AH} = \dfrac{3}{2}k\vec{a} + 2k\vec{b}$ ……⑦ ◀ ⑤を代入した
[(1)の結果を使った！]
がいえる。

⑥と⑦から，$\vec{AH} = \vec{AH}$ を考え

$(1-s)\vec{a} + s\vec{b} = \dfrac{3}{2}k\vec{a} + 2k\vec{b}$ ……（＊）が得られるので，

Point 1.13 を考え，（＊）から

$\begin{cases} 1-s = \dfrac{3}{2}k & \cdots\cdots ⑧ \\ s = 2k & \cdots\cdots ⑨ \end{cases}$ ◀ ($\vec{a}$ の係数)＝($\vec{a}$ の係数)
◀ ($\vec{b}$ の係数)＝($\vec{b}$ の係数)

がいえる。

さらに，

⑧＋⑨ より ◀ $(1-s)+s=1$ に着目して s を消去して k だけの式にする！

$$(1-s)+s=\frac{3}{2}k+2k$$

$\Leftrightarrow 1=\frac{7}{2}k$ ◀ s が消えて k だけの式になった！

$\Leftrightarrow k=\frac{2}{7}$ が得られるので， ◀ k が求められた

$\overrightarrow{AH}=\frac{3}{2}k\vec{a}+2k\vec{b}$ ……⑦ に $k=\frac{2}{7}$ を代入すると

$\overrightarrow{AH}=\frac{3}{7}\vec{a}+\frac{4}{7}\vec{b}$ が求められた。

[解答]
(2)

BH：HF＝s：$1-s$ とおく と ◀ Point 1.15

$\overrightarrow{AH}=(1-s)\vec{a}+s\vec{b}$ ……① ◀ Point 1.5

が得られる。

また，

3点 A，H，G は同一直線上にあるので ◀ Point 1.16

$\overrightarrow{AH}=\frac{3}{2}k\vec{a}+2k\vec{b}$ ……② とおける。 ◀ $\overrightarrow{AH}=k\overrightarrow{AG}$

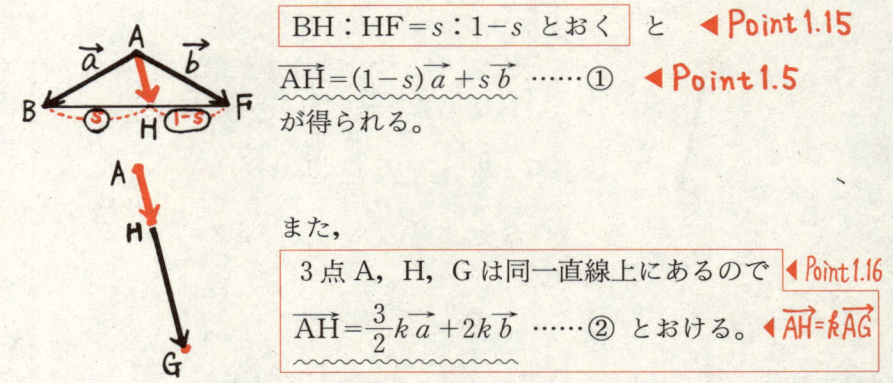

①と②から，$\overrightarrow{AH}=\overrightarrow{AH}$ を考え

$(1-s)\vec{a}+s\vec{b}=\frac{3}{2}k\vec{a}+2k\vec{b}$ が得られるので，

$\vec{a}$ と $\vec{b}$ が1次独立であることを考え，

$\begin{cases} 1-s=\frac{3}{2}k & \cdots\cdots③ \\ s=2k & \cdots\cdots④ \end{cases}$ ◀ ($\vec{a}$ の係数)＝($\vec{a}$ の係数)
◀ ($\vec{b}$ の係数)＝($\vec{b}$ の係数)

がいえる。 ◀ Point 1.13

さらに
③+④ より ◀ $(1-s)+s=1$ に着目して s を消去して k を求める！
$1 = \frac{7}{2}k \quad \therefore \quad k = \frac{2}{7}$ ◀ k が求められた

よって，
$\overrightarrow{AH} = \frac{3}{7}\vec{a} + \frac{4}{7}\vec{b}$ ◀ $\overrightarrow{AH} = \frac{3}{2}k\vec{a} + 2k\vec{b}$ ……② に $k = \frac{2}{7}$ を代入した

4

[考え方]

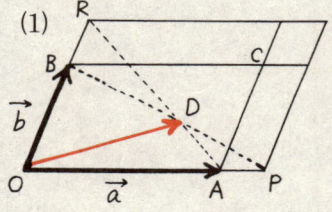

(1) とりあえず，$\overrightarrow{OD}$ をすぐに求めるのは無理そうなので Point 1.14 に従って，$\overrightarrow{OD}$ を $\vec{a}$ と $\vec{b}$ を用いて2通りで表してみよう。

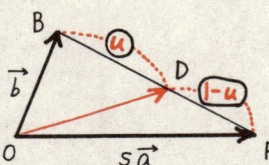

まず，BD：DP が分からないので
BD：DP $= u : 1-u$ とおく と ◀ Point 1.15
$\overrightarrow{OD} = (1-u)\overrightarrow{OB} + u\overrightarrow{OP}$ ◀ Point 1.5
$\quad = (1-u)\vec{b} + us\vec{a}$ ……① がいえる。

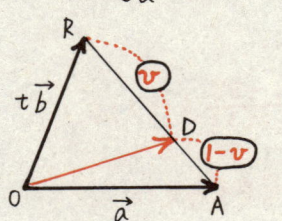

次に，RD：DA が分からないので
RD：DA $= v : 1-v$ とおく と ◀ Point 1.15
$\overrightarrow{OD} = (1-v)\overrightarrow{OR} + v\overrightarrow{OA}$ ◀ Point 1.5
$\quad = (1-v)t\vec{b} + v\vec{a}$ ……② がいえる。

①と②から，$\overrightarrow{OD} = \overrightarrow{OD}$ を考え
$(1-u)\vec{b} + us\vec{a} = (1-v)t\vec{b} + v\vec{a}$ が得られるので，
$\begin{cases} 1-u = (1-v)t & \text{……③} \\ us = v & \text{……④} \end{cases}$ ◀ ($\vec{b}$ の係数)＝($\vec{b}$ の係数)
◀ ($\vec{a}$ の係数)＝($\vec{a}$ の係数)
がいえる。 ◀ Point 1.13

あとは，
③と④を使って u or v を求めればいいよね。

$1-u=(1-v)t$ ……③ の左辺は $1-u$ なので
$us=v$ ……④ の左辺を u にすれば 2 式を加えることにより
$(1-u)+u=\underline{1}$ のように簡単に u を消去することができる よね。

そこで，$us=v$ ……④ を u について解くと

$u=\dfrac{v}{s}$ ……④′ が得られるので， ◀左辺が u になった

③+④′ より ◀$(1-u)+u=\underline{1}$ に着目して u を消去して v を求める

$\quad 1=(1-v)t+\dfrac{v}{s}$ ◀ $\begin{cases}1-u=(1-v)t\ \text{……③}\\ u=\dfrac{v}{s}\ \text{……④′}\end{cases}$

$\Leftrightarrow 1-t=-vt+\dfrac{v}{s}$ ◀展開した

$\Leftrightarrow 1-t=\left(-t+\dfrac{1}{s}\right)v$ ◀右辺を v でくくった

$\Leftrightarrow 1-t=\dfrac{-st+1}{s}v$ ◀右辺の分母をそろえた

$\Leftrightarrow \dfrac{s(1-t)}{-st+1}=v$ ◀両辺に $\dfrac{s}{-st+1}$ を掛けて v について解いた

$\therefore\ v=\dfrac{s-st}{-st+1}$ ◀v を求めることができた！

よって，$\overrightarrow{OD}=(1-v)t\vec{b}+v\vec{a}$ ……② より，

$\overrightarrow{OD}=\left(1-\dfrac{s-st}{-st+1}\right)t\vec{b}+\dfrac{s-st}{-st+1}\vec{a}$ ◀②に $v=\dfrac{s-st}{-st+1}$ を代入した

$\quad =\left\{\dfrac{(-st+1)-(s-st)}{-st+1}\right\}t\vec{b}+\dfrac{s-st}{-st+1}\vec{a}$ ◀分母をそろえた

$\quad =\left(\dfrac{1-s}{-st+1}\right)t\vec{b}+\dfrac{s-st}{-st+1}\vec{a}$ ◀$(-st+1)-(s-st)=-st+1-s+st$
$\qquad\qquad\qquad\qquad\qquad\qquad\qquad\qquad =\underline{1-s}$

$\therefore\ \overrightarrow{OD}=\dfrac{s-st}{-st+1}\vec{a}+\dfrac{t-st}{-st+1}\vec{b}$ ◀$\overrightarrow{OD}$ を求めることができた！

ベクトルの基本公式とその使い方について 17

[解答]
(1)

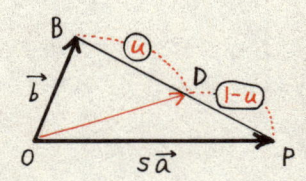

$BD:DP = u:1-u$ とおく ◀ Point 1.15
$\overrightarrow{OD} = us\vec{a} + (1-u)\vec{b}$ ……① ◀ Point 1.5
がいえる。

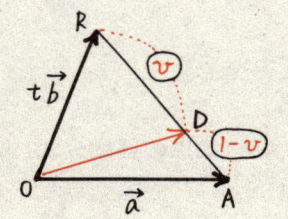

$RD:DA = v:1-v$ とおく ◀ Point 1.15
$\overrightarrow{OD} = v\vec{a} + (1-v)t\vec{b}$ ……② ◀ Point 1.5
がいえる。

①と②から，$\overrightarrow{OD} = \overrightarrow{OD}$ を考え
$us\vec{a} + (1-u)\vec{b} = v\vec{a} + (1-v)t\vec{b}$ が得られるので，
$\vec{a}$ と $\vec{b}$ が1次独立であることを考え

$\begin{cases} us = v \quad \cdots\cdots ③ \\ 1-u = (1-v)t \quad \cdots\cdots ④ \end{cases}$ ◀($\vec{a}$の係数)=($\vec{a}$の係数)
◀($\vec{b}$の係数)=($\vec{b}$の係数)

がいえる。 ◀ Point 1.13

さらに，$us = v$ ……③ から $u = \dfrac{v}{s}$ ……③′ が得られるので，

③′+④ より ◀ $u + (1-u) = 1$ に着目して u を消去して v を求める

$1 = (1-v)t + \dfrac{v}{s}$ ◀ u が消えた！

$\Leftrightarrow 1-t = \dfrac{-st+1}{s}v$ ◀ 展開して v でくくった（[考え方]参照）

$\therefore v = \dfrac{s-st}{-st+1}$ ◀ v について解いた

よって，

$\overrightarrow{OD} = \dfrac{s-st}{-st+1}\vec{a} + \dfrac{t-st}{-st+1}\vec{b}$ ◀ ②に $v = \dfrac{s-st}{-st+1}$ を代入した

[考え方]
(2)

Point 1.16 を考え，

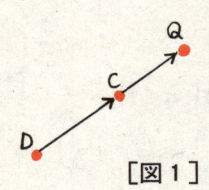

3点 D，C，Q が同一直線上にあることを示すためには $\overrightarrow{DQ} = k\overrightarrow{DC}$ （k は適当な定数）という形の式を導けばいい よね。

[図1]

そこで，
$\overrightarrow{DC}$ と $\overrightarrow{DQ}$ について考えよう。

まず，**Point 1.9**（始点の移動公式）より
$\begin{cases} \overrightarrow{DC} = -\overrightarrow{OD} + \overrightarrow{OC} \cdots\cdots Ⓐ \blacktriangleleft 始点をOにした \\ \overrightarrow{DQ} = -\overrightarrow{OD} + \overrightarrow{OQ} \cdots\cdots Ⓑ \blacktriangleleft 始点をOにした \end{cases}$
がいえるよね。

[図2]

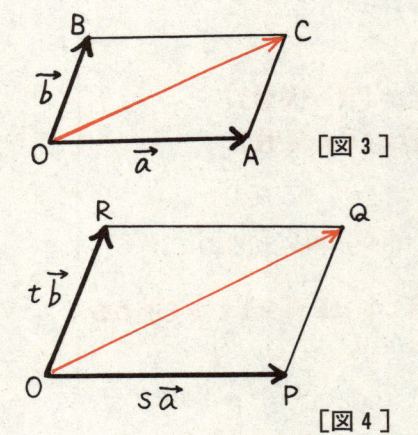

さらに，
四角形 OACB と四角形 OPQR は
平行四辺形なので，

$\begin{cases} \overrightarrow{OC} = \overrightarrow{OA} + \overrightarrow{OB} \quad \blacktriangleleft Point1.2([図3]を見よ) \\ \qquad = \vec{a} + \vec{b} \cdots\cdots Ⓒ \\ \overrightarrow{OQ} = \overrightarrow{OP} + \overrightarrow{OR} \quad \blacktriangleleft Point1.2([図4]を見よ) \\ \qquad = s\vec{a} + t\vec{b} \cdots\cdots Ⓓ \end{cases}$

[図3]

[図4]

がいえるよね。

ベクトルの基本公式とその使い方について　19

そこで，$\vec{DC}$ を求めるために

©と(1)で求めた $\vec{OD}$ を $\vec{DC}=-\vec{OD}+\vec{OC}$ ……Ⓐ に代入する と，

$$\vec{DC}=-\frac{s-st}{-st+1}\vec{a}-\frac{t-st}{-st+1}\vec{b}+\vec{a}+\vec{b} \quad \blacktriangleleft \vec{DC}=-\vec{OD}+\vec{OC}……Ⓐ$$

$$=\left(-\frac{s-st}{-st+1}+1\right)\vec{a}+\left(-\frac{t-st}{-st+1}+1\right)\vec{b} \quad \blacktriangleleft 整理した$$

$$=\frac{-s+st-st+1}{-st+1}\vec{a}+\frac{-t+st-st+1}{-st+1}\vec{b} \quad \blacktriangleleft 分母をそろえた$$

$$=\frac{-s+1}{-st+1}\vec{a}+\frac{-t+1}{-st+1}\vec{b} \quad ……ⓐ$$

が得られる。　◀ $\vec{DC}$ が求められた！

次に，$\vec{DQ}$ を求めるために

Ⓓと(1)で求めた $\vec{OD}$ を $\vec{DQ}=-\vec{OD}+\vec{OQ}$ ……Ⓑ に代入する と，

$$\vec{DQ}=-\frac{s-st}{-st+1}\vec{a}-\frac{t-st}{-st+1}\vec{b}+s\vec{a}+t\vec{b} \quad \blacktriangleleft \vec{DQ}=-\vec{OD}+\vec{OQ}……Ⓑ$$

$$=\left(s-\frac{s-st}{-st+1}\right)\vec{a}+\left(t-\frac{t-st}{-st+1}\right)\vec{b} \quad \blacktriangleleft 整理した$$

$$=\frac{-s^2t+s-s+st}{-st+1}\vec{a}+\frac{-st^2+t-t+st}{-st+1}\vec{b} \quad \blacktriangleleft 分母をそろえた$$

$$=\frac{-s^2t+st}{-st+1}\vec{a}+\frac{-st^2+st}{-st+1}\vec{b} \quad \blacktriangleleft 分子を整理した$$

$$=\frac{st(-s+1)}{-st+1}\vec{a}+\frac{st(-t+1)}{-st+1}\vec{b} \quad \blacktriangleleft 分子をstでくくった$$

$$=st\left(\frac{-s+1}{-st+1}\vec{a}+\frac{-t+1}{-st+1}\vec{b}\right) \quad ……ⓑ \quad \blacktriangleleft stでくくった$$

が得られる。　◀ $\vec{DQ}$ が求められた！

以上より，

$$\begin{cases} \overrightarrow{DC} = \dfrac{-s+1}{-st+1}\vec{a} + \dfrac{-t+1}{-st+1}\vec{b} \quad \cdots\cdots ⓐ \\ \overrightarrow{DQ} = st\left(\dfrac{-s+1}{-st+1}\vec{a} + \dfrac{-t+1}{-st+1}\vec{b}\right) \quad \cdots\cdots ⓑ \end{cases}$$ が得られたので

ⓐとⓑから
$\overrightarrow{DQ} = st\,\overrightarrow{DC}$ がいえるよね。 ◀ $\overrightarrow{DQ} = k\overrightarrow{DC}$ の形の式！

よって，**Point 1.16** より
3点 D，C，Q が同一直線上にあることが示せた！

[解答]
(2)
$\boxed{\overrightarrow{DC} = -\overrightarrow{OD} + \overrightarrow{OC}}$ ◀ Point 1.9

$\quad = -\dfrac{s-st}{-st+1}\vec{a} - \dfrac{t-st}{-st+1}\vec{b} + \vec{a} + \vec{b}$ ◀ (1)の結果を使った！

$\quad = \dfrac{-s+1}{-st+1}\vec{a} + \dfrac{-t+1}{-st+1}\vec{b}$ ……ⓐ ◀ 整理した（[考え方]参照）

また，
$\boxed{\overrightarrow{DQ} = -\overrightarrow{OD} + \overrightarrow{OQ}}$ ◀ Point 1.9

$\quad = -\dfrac{s-st}{-st+1}\vec{a} - \dfrac{t-st}{-st+1}\vec{b} + s\vec{a} + t\vec{b}$ ◀ (1)の結果を使った！

$\quad = st\left(\dfrac{-s+1}{-st+1}\vec{a} + \dfrac{-t+1}{-st+1}\vec{b}\right)$ ……ⓑ ◀ 整理した（[考え方]参照）

ⓐとⓑから
$\overrightarrow{DQ} = st\,\overrightarrow{DC}$ がいえるので，

3点 D，C，Q は同一直線上にある。

$\qquad\qquad\qquad (q.e.d.)$ ◀ ラテン語の
quod erat demonstrandum の略で
「証明終わり」という意味である

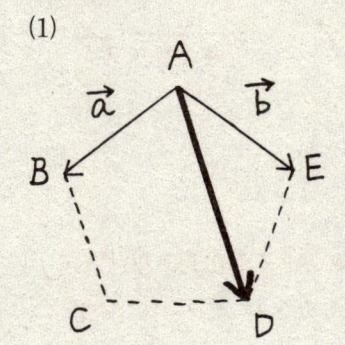

5

[考え方]
(1)

まず，$\vec{AD}$ を直接求めるのは無理そうだよね。
そこで，**例題5** でやったように
$\vec{AD}$ を他のベクトルを使って表してみよう。

まず，$\vec{AD}$ を他のベクトルを使って表すために
おそらく次の［図①］や［図②］を考えた人が多いだろう。

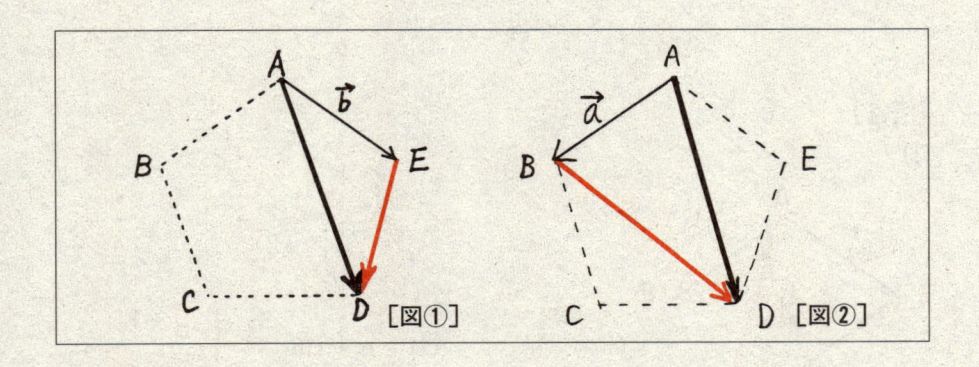

だけど，［図①］の場合は，
$\vec{AD} = \vec{AE} + \vec{ED}$　◀［図①］を見よ
　　　$= \vec{b} + \vec{ED}$ のように　◀ $\vec{AE} = \vec{b}$
$\vec{ED}$ が必要になるのでよく分からないよね。　◀ $\vec{ED}$ を求めるのは 難しそう！

そこで，［図②］の場合について考えてみよう。

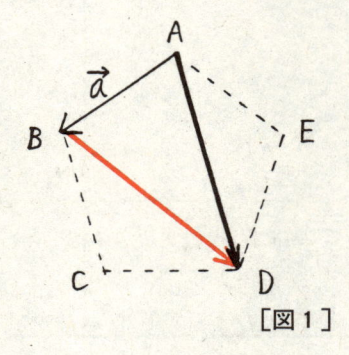

まず，[図1] から
$$\overrightarrow{AD} = \overrightarrow{AB} + \overrightarrow{BD}$$
$$= \vec{a} + \overrightarrow{BD} \cdots\cdots Ⓐ$$
◀ $\overrightarrow{AB} = \vec{a}$

がいえるよね。

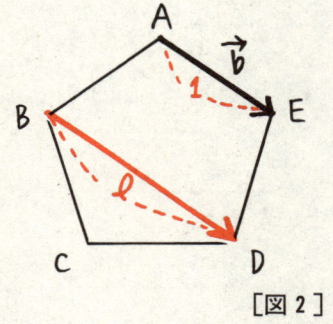

[図1]

さらに，[図2] から
$$\overrightarrow{BD} = l\overrightarrow{AE}$$ ◀「$\overrightarrow{AE}$ を l 倍すると $\overrightarrow{BD}$ になる」
$$= l\vec{b}$$ がいえるよね。 ◀ $\overrightarrow{AE} = \vec{b}$

よって，
$$\overrightarrow{AD} = \vec{a} + \overrightarrow{BD} \cdots\cdots Ⓐ$$
$$= \vec{a} + l\vec{b}$$ ◀ Ⓐ に $\overrightarrow{BD} = l\vec{b}$ を代入した

が得られた！

[図2]

[解答]

(1)

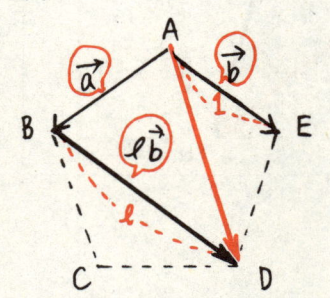

左図から
$$\overrightarrow{AD} = \overrightarrow{AB} + \overrightarrow{BD}$$
がいえるので

$$\overrightarrow{AD} = \vec{a} + l\vec{b} \ //$$ ◀ $\begin{cases} \overrightarrow{AB} = \vec{a} \\ \overrightarrow{BD} = l\vec{b} \end{cases}$

ベクトルの基本公式とその使い方について　23

[考え方]

(2)　l を求めるためには l についての方程式をつくればいいよね。

l についての方程式をつくるためには
(1)を考え、 ◀ 前の問題の結果を使う！
$\overrightarrow{AD}$ をもう1通りで表せばいい　よね。 ◀ 例題7(2)参照

そこで、
$\overrightarrow{AD}$ のもう1通りの表し方について考えよう。

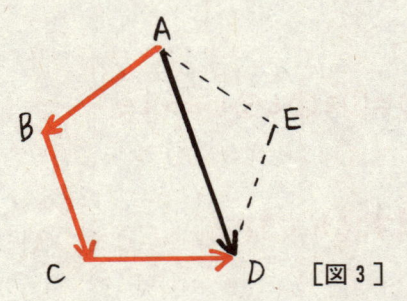

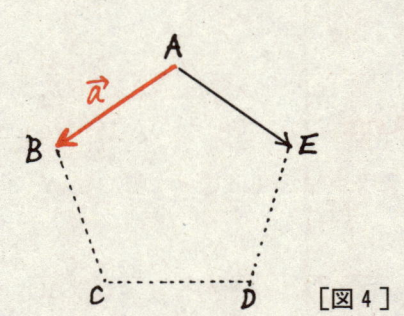

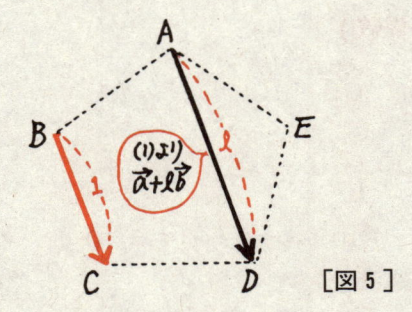

まず、［図3］から　◀《注1》を見よ
$\overrightarrow{AD} = \overrightarrow{AB} + \overrightarrow{BC} + \overrightarrow{CD}$ ……(*)
がいえるよね。

よって、$\overrightarrow{AD}$ を求めるためには
$\overrightarrow{AB}$ と $\overrightarrow{BC}$ と $\overrightarrow{CD}$ を求めれば
いいよね。

$\overrightarrow{AB}$ と $\overrightarrow{BC}$ と $\overrightarrow{CD}$ だったら
簡単に求められるね。

［図3］

$\overrightarrow{AB}$ は問題文より
$\overrightarrow{AB} = \vec{a}$ ……① だよね。

［図4］

また、
$\overrightarrow{BC}$ は［図5］より
$\overrightarrow{BC} = \dfrac{1}{l} \overrightarrow{AD}$　◀「$\overrightarrow{AD}$ を $\dfrac{1}{l}$ 倍すると $\overrightarrow{BC}$ になる」
　　$= \dfrac{1}{l}(\vec{a} + l\vec{b})$　◀(1)の結果を使った！
　　$= \dfrac{1}{l}\vec{a} + \vec{b}$ ……② だよね。

［図5］　(1)より　$\vec{a} + l\vec{b}$

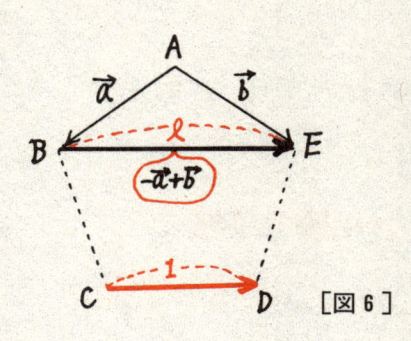

$\overrightarrow{CD}$ は [図6] より

$\boxed{\overrightarrow{CD} = \dfrac{1}{l}\overrightarrow{BE}}$ ◀「$\overrightarrow{BE}$ を $\dfrac{1}{l}$ 倍すると $\overrightarrow{CD}$ になる」

$= \dfrac{1}{l}(-\vec{a}+\vec{b})$ ◀ 例題7(1)参照

$= -\dfrac{1}{l}\vec{a} + \dfrac{1}{l}\vec{b}$ ……③ だよね。

[図6]

よって、①と②と③から
$\overrightarrow{AD} = \overrightarrow{AB} + \overrightarrow{BC} + \overrightarrow{CD}$ ……(*)

$= \vec{a} + \dfrac{1}{l}\vec{a} + \vec{b} - \dfrac{1}{l}\vec{a} + \dfrac{1}{l}\vec{b}$ ◀(*)に①と②と③を代入した

$= \vec{a} + \left(1+\dfrac{1}{l}\right)\vec{b}$

が得られる。 ◀ $\overrightarrow{AD}$ を(1)とは別の形で表すことができた！

以上より、
$\begin{cases} \overrightarrow{AD} = \vec{a} + l\vec{b} \ \cdots\cdots \text{ⓐ} & \blacktriangleleft \text{(1)で求めた} \\ \overrightarrow{AD} = \vec{a} + \left(1+\dfrac{1}{l}\right)\vec{b} \ \cdots\cdots \text{ⓑ} & \blacktriangleleft \text{上で求めた} \end{cases}$

が得られたね。

よって、ⓐとⓑから、$\overrightarrow{AD} = \overrightarrow{AD}$ を考え

$\boxed{\vec{a} + l\vec{b} = \vec{a} + \left(1+\dfrac{1}{l}\right)\vec{b}}$ が得られるので

$l = 1 + \dfrac{1}{l}$ ……ⓒ ◀($\vec{b}$ の係数)=($\vec{b}$ の係数)

がいえる よね。 ◀ Point 1.13

さらに，

◯の両辺を l 倍して分母を払う と ◀ $l = 1 + \dfrac{1}{l}$ ……◯

$l^2 = l + 1$

$\Leftrightarrow l^2 - l - 1 = 0$ ◀ l の2次方程式！

$\Leftrightarrow l = \dfrac{1 \pm \sqrt{5}}{2}$ が得られるので， ◀ $l = \dfrac{1 \pm \sqrt{1+4}}{2}$

$l > 0$ を考え ◀ l は辺の長さなので正である

$l = \dfrac{1 + \sqrt{5}}{2}$ が答えである。

[解答]

(2) 左図から

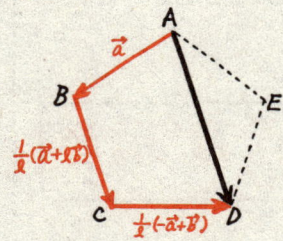

$\overrightarrow{AD} = \overrightarrow{AB} + \overrightarrow{BC} + \overrightarrow{CD}$ がいえるので，

$\overrightarrow{AD} = \vec{a} + \dfrac{1}{l}(\vec{a} + l\vec{b}) + \dfrac{1}{l}(-\vec{a} + \vec{b})$ ◀[考え方]参照

$= \vec{a} + \left(1 + \dfrac{1}{l}\right)\vec{b}$ ……① ◀ 展開して整理した

よって，(1)の $\overrightarrow{AD} = \vec{a} + l\vec{b}$ と①から ◀ 前の問題の結果を使う！

$\vec{a} + l\vec{b} = \vec{a} + \left(1 + \dfrac{1}{l}\right)\vec{b}$ が得られるので ◀ $\overrightarrow{AD} = \overrightarrow{AD}$

$l = 1 + \dfrac{1}{l}$ ……② がいえる。◀($\vec{b}$の係数)=($\vec{b}$の係数) ◀Point 1.13

さらに，

② $\Leftrightarrow l^2 = l + 1$ ◀ 両辺に l を掛けて分母を払った

$\Leftrightarrow l^2 - l - 1 = 0$ ◀ l の2次方程式！

$\Leftrightarrow l = \dfrac{1 \pm \sqrt{5}}{2}$ より， ◀ $l = \dfrac{1 \pm \sqrt{1+4}}{2}$

$l > 0$ を考え ◀ l は辺の長さなので正である

$l = \dfrac{1 + \sqrt{5}}{2}$ //

《注1》 [図3]を考える理由について

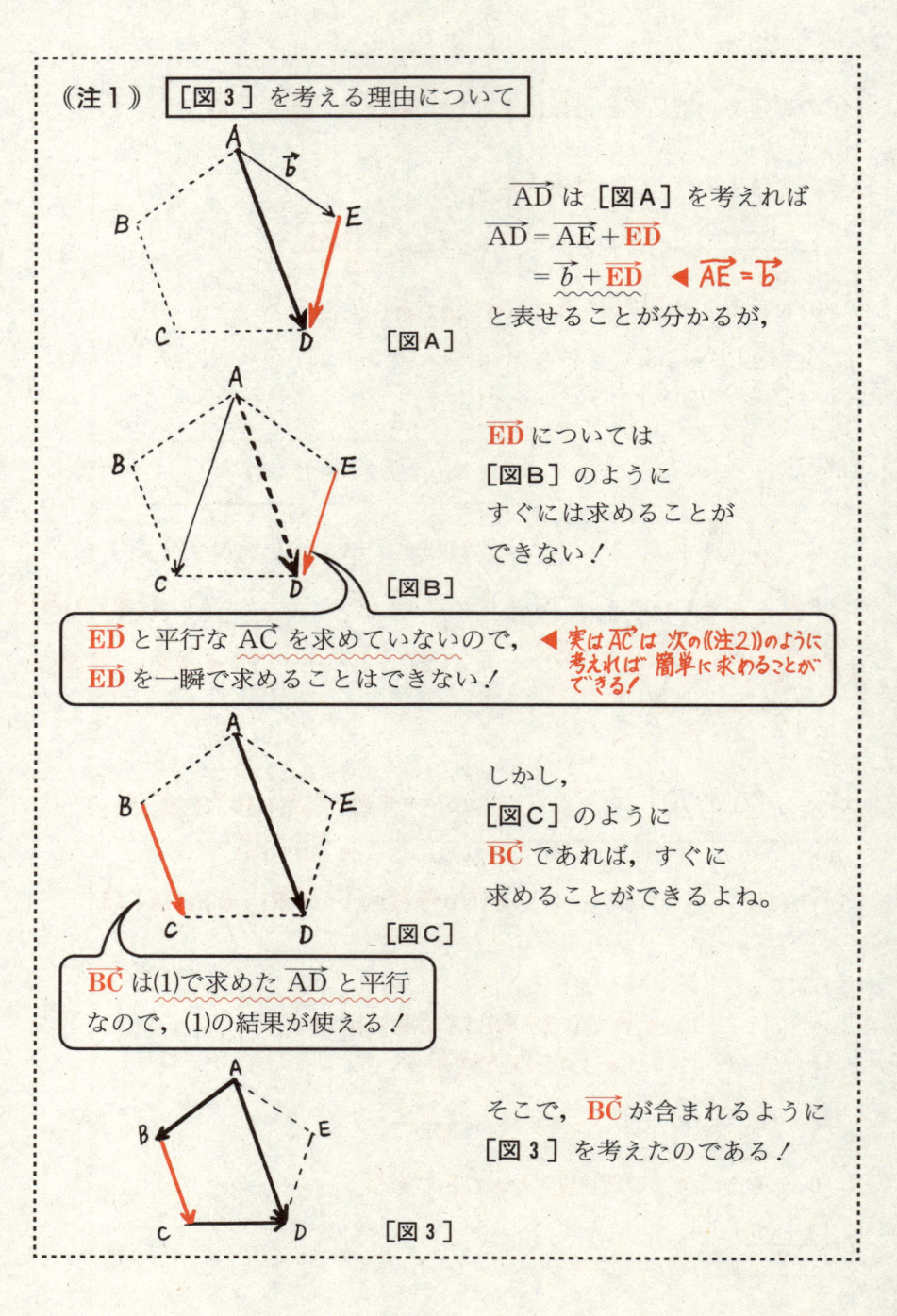

$\overrightarrow{AD}$ は [図A] を考えれば
$\overrightarrow{AD} = \overrightarrow{AE} + \overrightarrow{ED}$
$\quad\;\, = \vec{b} + \overrightarrow{ED}$ ◀ $\overrightarrow{AE} = \vec{b}$
と表せることが分かるが，

$\overrightarrow{ED}$ については
[図B] のように
すぐには求めることが
できない！

$\overrightarrow{ED}$ と平行な $\overrightarrow{AC}$ を求めていないので，$\overrightarrow{ED}$ を一瞬で求めることはできない！ ◀ 実は $\overrightarrow{AC}$ は次の《注2》のように考えれば簡単に求めることができる！

しかし，
[図C] のように
$\overrightarrow{BC}$ であれば，すぐに
求めることができるよね。

$\overrightarrow{BC}$ は(1)で求めた $\overrightarrow{AD}$ と平行なので，(1)の結果が使える！

そこで，$\overrightarrow{BC}$ が含まれるように
[図3] を考えたのである！

《注2》 $\overrightarrow{AC}$ を一瞬で求める方法について

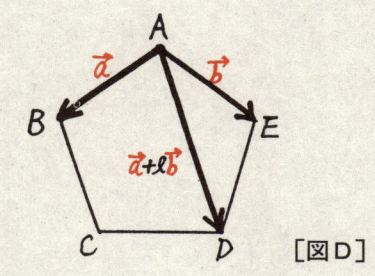

[図D]

まず，
(1)で $\overrightarrow{AD} = \vec{a} + l\vec{b}$ を求めているよね。

[図E]

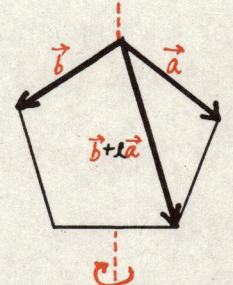

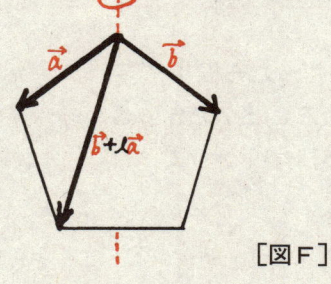

[図D]において
$\vec{a}$ と $\vec{b}$ を入れ換える と [図E]が得られる。

[図F]

さらに，
[図E]を中心軸に関して回転させると
[図F]が得られる。

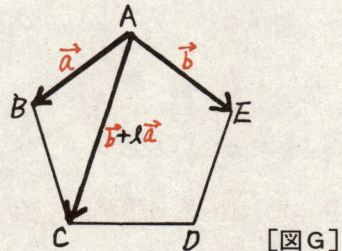

[図G]

よって，[図G]から
$\overrightarrow{AC} = \vec{b} + l\vec{a}$
が得られる！ ◀ $\overrightarrow{AD}$ の $\vec{a}$ と $\vec{b}$ を入れ換えたもの！

[考え方]
(3)

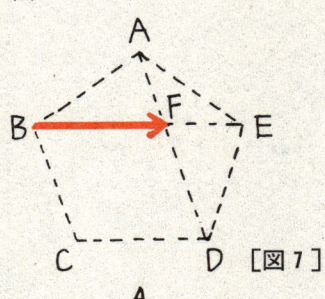

[図7]

いきなり
「$\vec{BF}$ を求めろ」といわれても
よく分からないよね。

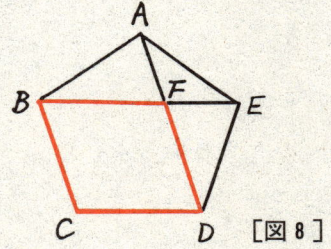

[図8]

だけど，
四角形 BCDF は平行四辺形
だから， ◀《注3》を見よ
$\vec{BF} = \vec{CD}$ ……(*)
がいえるので， ◀[図9]を見よ！

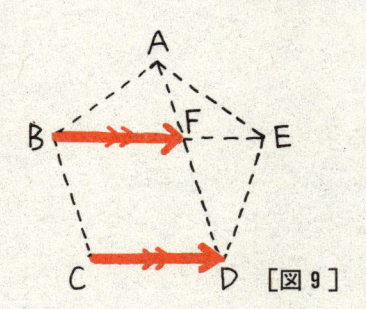

$\vec{BF}$ を求めるかわりに
$\vec{CD}$ を求めてもいい のである！

[図9]

$\vec{CD}$ だったら簡単に
求めることができるよね。
えっ，なぜかって？

だって，

既に(2)で $\vec{CD} = -\dfrac{1}{l}\vec{a} + \dfrac{1}{l}\vec{b}$ ……③ を求めているし

l も(2)で求めている でしょ！ ◀Point 1.10〔前の問題の結果を使う！〕

つまり，この問題は
前の問題の結果を使うだけで解けてしまうのである。

[解答]

(3) $\boxed{\vec{CD} = \dfrac{1}{l}(-\vec{a}+\vec{b})}$ ◀ P.24の[図6]を見よ

$= \dfrac{1}{\frac{1+\sqrt{5}}{2}}(-\vec{a}+\vec{b})$ ◀ $l = \dfrac{1+\sqrt{5}}{2}$ を代入した

$= \dfrac{2}{1+\sqrt{5}}(-\vec{a}+\vec{b})$ ◀ 分母分子に2を掛けた

$= \dfrac{2}{1+\sqrt{5}} \cdot \dfrac{1-\sqrt{5}}{1-\sqrt{5}}(-\vec{a}+\vec{b})$ ◀ 有理化するために分母分子に $1-\sqrt{5}$ を掛けた

$= \dfrac{2(1-\sqrt{5})}{1-5}(-\vec{a}+\vec{b})$ ◀ $(a+b)(a-b) = a^2-b^2$

$= \dfrac{\sqrt{5}-1}{2}(-\vec{a}+\vec{b})$ より ◀ $\dfrac{2(1-\sqrt{5})}{1-5} = \dfrac{2(1-\sqrt{5})}{-4} = \dfrac{\sqrt{5}-1}{2}$

$\boxed{\vec{BF} = \vec{CD}}$ を考え, ◀ [考え方]参照

$\vec{BF} = \dfrac{\sqrt{5}-1}{2}(-\vec{a}+\vec{b})$ //

《注3》 四角形 BCDF が平行四辺形である理由について

上図を見れば分かるけれど正五角形 ABCDE については
<u>AD∥BC</u> と <u>BE∥CD</u> が
いえるので,
四角形 BCDF は平行四辺形であることが分かる。

6

[考え方]

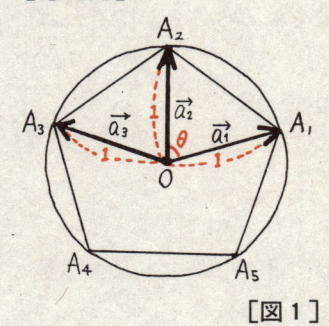

まず,
「原点 O を中心とする半径 1 の円に内接する正五角形 $A_1A_2A_3A_4A_5$ に対し,
$\angle A_1OA_2 = \theta$ とし, $\overrightarrow{OA_1} = \vec{a_1}$, $\overrightarrow{OA_2} = \vec{a_2}$,
$\overrightarrow{OA_3} = \vec{a_3}$ とする」を図示すると
[図1] のようになるよね。

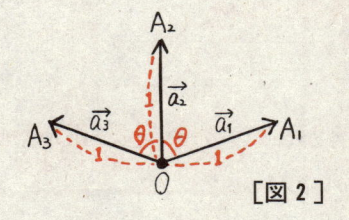

[図1]

さらに,
図を見やすくするために, 必要な部分を抜き出すと, [図2] のようになる。

[図2]

◀ 正五角形 なので
$\angle A_1OA_2 = \angle A_2OA_3 [=\theta]$ がいえる!

とりあえず,
$\vec{a_3}$ をすぐに求めるのは難しそうだよね。
だけど,
$\vec{a_1}$ と $\vec{a_2}$ と $\vec{a_3}$ の関係式だったら すぐに求められそうだよね。

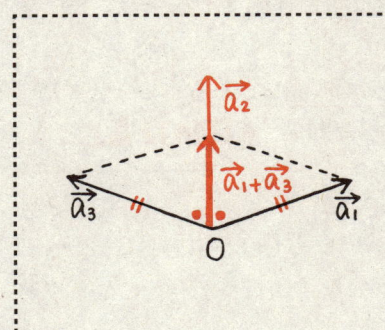

▶ $\vec{a_1}$ と $\vec{a_3}$ は共に大きさが 1 のベクトル
なので, **Point 1.2** を考え
$\vec{a_1} + \vec{a_3}$ は $\vec{a_2}$ と同一直線上にある
ことが分かるよね。 ◀ 左図を見よ
よって, **Point 1.16** より
$\vec{a_1} + \vec{a_3} = k\vec{a_2}$ の形で表せることが
分かる!

※詳しくは この後で解説します。

そこで，まず
[図2] を見ながら $\vec{a_1}$ と $\vec{a_2}$ と $\vec{a_3}$ の関係について考えてみよう。

▶ $\vec{a_1}+\vec{a_3}=k\vec{a_2}$ のような $\vec{a_1}$ と $\vec{a_2}$ と $\vec{a_3}$ の関係式を求めることができれば
あとは，それを $\vec{a_3}$ について解くことにより
$\vec{a_3}=-\vec{a_1}+k\vec{a_2}$ のように $\vec{a_3}$ を $\vec{a_1}$ と $\vec{a_2}$ で表すことができる！

方向について ◀ ベクトルは方向と大きさによって決まる！

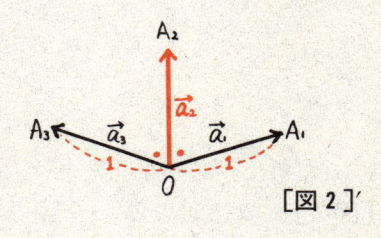

まず，$\vec{a_2}$ は [図2]' のように
$\vec{a_1}$ と $\vec{a_3}$ のなす角を二等分しているよね。 ◀ 正五角形の特性

また，
$\vec{a_1}$ と $\vec{a_3}$ は大きさが等しいので， ◀ $\vec{a_1}$ と $\vec{a_3}$ の大きさは共に1である
Point 1.2 を考え
$\vec{a_1}+\vec{a_3}$ は [図3] のようになるよね。

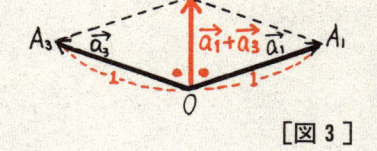

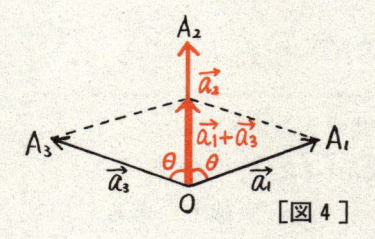

つまり，$\vec{a_1}+\vec{a_3}$ も [図3] のように
$\vec{a_1}$ と $\vec{a_3}$ のなす角を二等分するよね。

よって，[図2]' と [図3] を考え，

$\boxed{\vec{a_2} \text{ と } \vec{a_1}+\vec{a_3} \text{ は同じ方向のベクトルである}}$ ……（*）

ことが分かったね。 ◀ [図4] を見よ

（*）より，**Point 1.3** を考え，
$\vec{a_2}$ は $\vec{a_1}+\vec{a_3}$ を使って簡単に表せることが分かるよね。

ベクトルの基本公式とその使い方について　33

|大きさについて| ◀ベクトルは方向と大きさによって決まる！

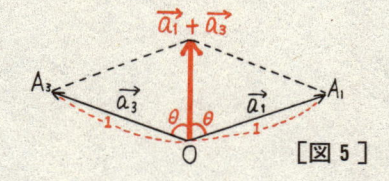

まず，
$\vec{a_1}+\vec{a_3}$ の大きさについて考えてみよう。

$\vec{a_1}+\vec{a_3}$ と $\vec{a_1}$, $\vec{a_3}$ の関係は
[図5] のような ひし形になっているので，

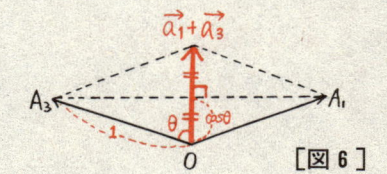

[図6] を考え，
$\vec{a_1}+\vec{a_3}$ の大きさは $2\cos\theta$ である
ことが分かる。　◀《注》を見よ

(注)

―三角比の定義―

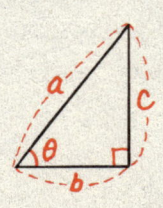

左図のような
直角三角形において

$\begin{cases} \sin\theta = \dfrac{c}{a} \\ \cos\theta = \dfrac{b}{a} \end{cases}$ がいえる。

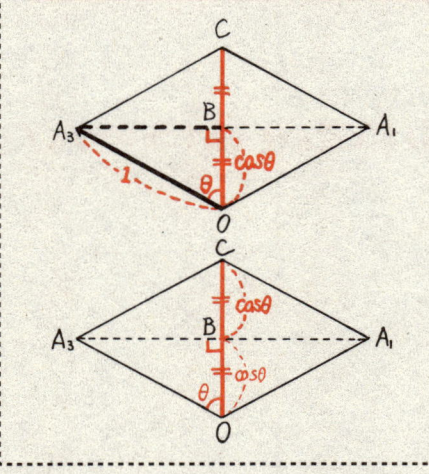

三角比の定義より
$OB = \cos\theta$
がいえるので，
対称性を考え
$BC = \cos\theta$ が分かる。

よって，
$OC = 2\cos\theta$　◀ OC=OB+BC
が得られる。

また,
$\vec{a_2}$ の大きさは 1 だよね。

よって,
$\vec{a_2}$（大きさ 1）に $2\cos\theta$ を掛ければ
大きさが $2\cos\theta$ になり,　◀ $1 \times 2\cos\theta = 2\cos\theta$
$\vec{a_1}+\vec{a_3}$（大きさ $2\cos\theta$）と同じ大きさになるよね。

さらに,
$\vec{a_2}$ と $\vec{a_1}+\vec{a_3}$ は方向も同じなので　◀【図4】を見よ
$2\cos\theta\,\vec{a_2}$ は $\vec{a_1}+\vec{a_3}$ と一致するよね。
$\left[\begin{array}{l}\blacktriangleright 2\cos\theta\,\vec{a_2} \text{ と } \vec{a_1}+\vec{a_3} \text{ は共に大きさが } 2\cos\theta \text{ で}\\ \text{方向も等しいので同じベクトルである！}\end{array}\right]$

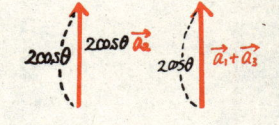

よって,
$2\cos\theta\,\vec{a_2}=\vec{a_1}+\vec{a_3}$ ……（★）が得られる！

そこで,
$2\cos\theta\,\vec{a_2}=\vec{a_1}+\vec{a_3}$ ……（★）を $\vec{a_3}$ について解くと
$\vec{a_3}=2\cos\theta\,\vec{a_2}-\vec{a_1}$ が得られた。　◀ $\vec{a_3}$ を $\vec{a_1}$ と $\vec{a_2}$ を使って表すことができた！

[解答]

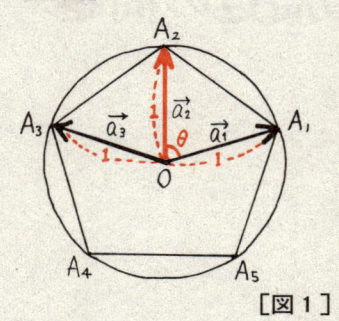

[図1]

正五角形の特性を考え
∠A_1OA_2 = ∠A_2OA_3 [= θ]
がいえるので，
$\vec{a_2}$ は $\vec{a_1}$ と $\vec{a_3}$ のなす角を二等分する，
大きさが1のベクトル ……①
であることが分かる。 ◀[図2]を見よ

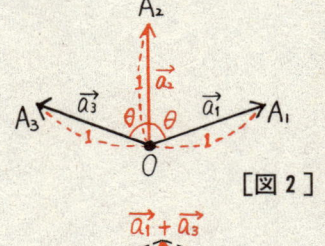

[図2]

また，
$\vec{a_1}$ と $\vec{a_3}$ の大きさが共に1であることから
$\vec{a_1}+\vec{a_3}$ についても[図3]のように
$\vec{a_1}$ と $\vec{a_3}$ のなす角を二等分する ◀Point 1.2
ことが分かる。

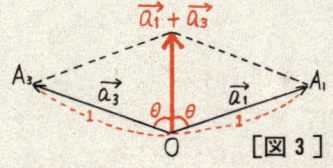

[図3]

[図4]

よって，[図4]を考え ◀[考え方]参照
$\vec{a_1}+\vec{a_3}$ は $\vec{a_1}$ と $\vec{a_3}$ のなす角を二等分する，
大きさが $2\cos\theta$ のベクトル ……②
であることが分かった。

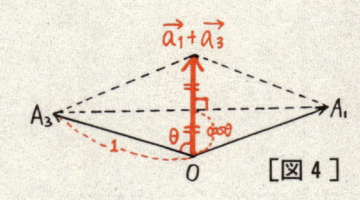

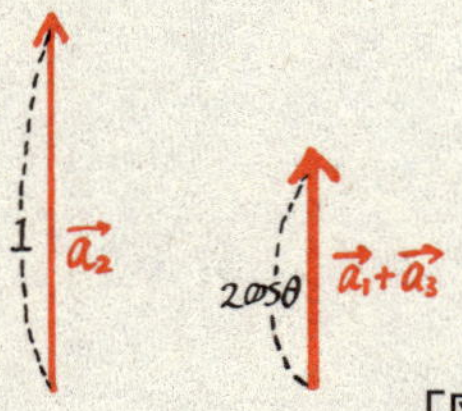

[図5]

以上より，①と②を考え
$2\cos\theta \vec{a_2} = \vec{a_1} + \vec{a_3}$
が得られるので， ◀[考え方]参照

$\vec{a_3} = 2\cos\theta \vec{a_2} - \vec{a_1}$ ◀$\vec{a_3}$ について解いた

Section 2　内積とその周辺の問題

7

[考え方]

まず、

$\vec{a}$ が $\vec{b}$, $\vec{c}$ のそれぞれと直交するので
$\begin{cases} \vec{a}\cdot\vec{b}=0 \quad\cdots\cdots ① \\ \vec{a}\cdot\vec{c}=0 \quad\cdots\cdots ② \end{cases}$ がいえる　よね。◀ Point 2.2

そこで、

$\vec{a}\cdot\vec{b}=0 \cdots\cdots ①$ と $\vec{a}\cdot\vec{c}=0 \cdots\cdots ②$ について考えよう。

$\boxed{\vec{a}\cdot\vec{b}=0 \cdots\cdots ① について}$

$\vec{a}\cdot\vec{b}=0 \cdots\cdots ①$
$\Leftrightarrow (x^2-1,\ x-5,\ -x-1)\cdot(x,\ x+1,\ -1)=0$
$\Leftrightarrow (x^2-1)x+(x-5)(x+1)+(-x-1)(-1)=0$ ◀ Point 2.4'
$\Leftrightarrow (x-1)\boxed{(x+1)}x+(x-5)\boxed{(x+1)}+\boxed{(x+1)}=0$ ◀ (注)を見よ
$\Leftrightarrow \boxed{(x+1)}\{(x-1)x+(x-5)+1\}=0$ ◀ すべての項に共通な(x+1)でくくった！
$\Leftrightarrow (x+1)(x^2-x+x-5+1)=0$ ◀ 展開した
$\Leftrightarrow (x+1)(x^2-4)=0$ ◀ 整理した
$\Leftrightarrow (x+1)(x+2)(x-2)=0$ ◀ $x^2-4=(x+2)(x-2)$
$\therefore \underline{x=-1,\ -2,\ 2} \cdots\cdots ①'$

(注)

普通は、
$(x^2-1)x+(x-5)(x+1)+(-x-1)(-1)=0$ を展開して
$x^3+x^2-4x-4=0$ のような式にして、組立除法を使うことにより
$(x+1)(x^2-4)=0$ を導くのだろうが、

内積とその周辺の問題　37

$(x^2-1)x+(x-5)\boxed{(x+1)}+(-x-1)(-1)=0$ については
$\begin{cases} x^2-1=(x-1)\boxed{(x+1)} \\ (-x-1)(-1)=\boxed{(x+1)} \end{cases}$ のように
すべての項に $\boxed{(x+1)}$ が入っていることがすぐに分かる。

そこで,
$(x^2-1)x+(x-5)\boxed{(x+1)}+(-x-1)(-1)=0$ を
$(x-1)\boxed{(x+1)}x+(x-5)\boxed{(x+1)}+\boxed{(x+1)}=0$ と変形して
$\boxed{(x+1)}$ でくくった方が はやく因数分解できるので,
ここでは そのような解法にした。

$\boxed{\vec{a}\cdot\vec{c}=0 \cdots\cdots ②}$ について

　$\vec{a}\cdot\vec{c}=0 \cdots\cdots$ ②
$\Leftrightarrow (x^2-1,\ x-5,\ -x-1)\cdot(x+1,\ 2x-3,\ x)=0$
$\Leftrightarrow (x^2-1)(x+1)+(x-5)(2x-3)+(-x-1)x=0$ ◀Point 2.4
$\Leftrightarrow (x^3+x^2-x-1)+(2x^2-13x+15)+(-x^2-x)=0$ ◀展開した
$\Leftrightarrow x^3+2x^2-15x+14=0$ ◀整理した
$\Leftrightarrow (x-2)(x^2+4x-7)=0$ ◀組立除法を使って因数分解した
　　　　　　　　　　　　　　　　[One Point Lesson(本文のP.96)を見よ!]
$\therefore\ x=2,\ -2\pm\sqrt{11} \cdots\cdots$ ②′　◀$ax^2+2bx+c=0$ の解は $x=\dfrac{-b\pm\sqrt{b^2-ac}}{a}$

よって,
$\vec{a}\cdot\vec{b}=0 \cdots\cdots$ ① と $\vec{a}\cdot\vec{c}=0 \cdots\cdots$ ② を共に満たす x の値は
$x=-1,\ -2,\ 2 \cdots\cdots$ ①′ と $x=2,\ -2\pm\sqrt{11} \cdots\cdots$ ②′ から
$x=2$ だと分かるよね。

以上より,
$\vec{a}$ が $\vec{b}$, $\vec{c}$ のそれぞれと直交するときの x の値は
$x=2$ であることが分かった!

また，そのとき， ◀ $x=2$ のとき
$\vec{b}=(x,\ x+1,\ -1)$ と $\vec{c}=(x+1,\ 2x-3,\ x)$ は
$\vec{b}=(2,\ 3,\ -1),\ \vec{c}=(3,\ 1,\ 2)$ となるので，

$\vec{b}$ と $\vec{c}$ のなす角 θ $(0°\leqq\theta\leqq 180°)$ は，**Point 2.6** より

$\quad\vec{b}\cdot\vec{c}=|\vec{b}||\vec{c}|\cos\theta$ ◀ Point 2.1

$\Leftrightarrow (2,\ 3,\ -1)\cdot(3,\ 1,\ 2)=\sqrt{2^2+3^2+(-1)^2}\sqrt{3^2+1^2+2^2}\cos\theta$ ◀ Point 2.5

$\Leftrightarrow 2\cdot 3+3\cdot 1+(-1)\cdot 2=\sqrt{4+9+1}\sqrt{9+1+4}\cos\theta$ ◀ Point 2.4′

$\Leftrightarrow 6+3-2=\sqrt{14}\sqrt{14}\cos\theta$

$\Leftrightarrow 7=14\cos\theta$

$\Leftrightarrow \cos\theta=\dfrac{1}{2}$

$\therefore\ \underline{\theta=60°}$ ◀ $0°\leqq\theta\leqq 180°$ において $\cos\theta=\dfrac{1}{2}$ を満たす θ は $\underline{60°}$ だけである

[解答]

$\boxed{\begin{array}{l}\vec{a}\perp\vec{b}\ より\\ \vec{a}\cdot\vec{b}=0\end{array}}$ ◀ Point 2.2

$\Leftrightarrow (x^2-1,\ x-5,\ -x-1)\cdot(x,\ x+1,\ -1)=0$

$\Leftrightarrow (x^2-1)x+(x-5)(x+1)+(-x-1)(-1)=0$ ◀ Point 2.4′

$\Leftrightarrow (x-1)\boxed{(x+1)}x+(x-5)\boxed{(x+1)}+\boxed{(x+1)}=0$ ◀ $x^2-1=(x-1)(x+1)$

$\Leftrightarrow \boxed{(x+1)}\{(x^2-x)+(x-5)+1\}=0$ ◀ $(x+1)$ でくくった

$\Leftrightarrow (x+1)(x^2-4)=0$ ◀ 整理した

$\Leftrightarrow (x+1)(x+2)(x-2)=0$ ◀ $x^2-4=(x+2)(x-2)$

$\therefore\ \underline{x=-1,\ -2,\ 2}\ \cdots\cdots$ ①

$\boxed{\begin{array}{c}\vec{a} \perp \vec{c} \ \text{より} \\ \vec{a} \cdot \vec{c} = 0\end{array}}$ ◀ Point 2.2

$\Leftrightarrow (x^2-1,\ x-5,\ -x-1)\cdot(x+1,\ 2x-3,\ x) = 0$
$\Leftrightarrow (x^2-1)(x+1) + (x-5)(2x-3) + (-x-1)x = 0$ ◀ Point 2.4′
$\Leftrightarrow x^3 + 2x^2 - 15x + 14 = 0$ ◀ 展開して整理した
$\Leftrightarrow (x-2)(x^2+4x-7) = 0$ ◀ 組立除法を使って因数分解した
$\therefore\ \underline{x = 2,\ -2 \pm \sqrt{11}}$ ……② ◀ $ax^2+2bx+c=0$ の解は $x=\dfrac{-b\pm\sqrt{b^2-ac}}{a}$

以上より，
①と②を共に満たす x の値は $\underline{x=2}$ //

また，そのとき， ◀ $x=2$ のとき
$\vec{b} = (x,\ x+1,\ -1)$ と $\vec{c} = (x+1,\ 2x-3,\ x)$ は
$\vec{b} = (2,\ 3,\ -1),\ \vec{c} = (3,\ 1,\ 2)$ となるので， ◀ $x=2$ を代入した

$\quad \vec{b} \cdot \vec{c} = |\vec{b}||\vec{c}|\cos\theta$ ◀ Point 2.1
$\Leftrightarrow (2,\ 3,\ -1)\cdot(3,\ 1,\ 2) = \sqrt{2^2+3^2+(-1)^2}\sqrt{3^2+1^2+2^2}\cos\theta$ ◀ Point 2.5
$\Leftrightarrow 6+3-2 = \sqrt{14}\sqrt{14}\cos\theta$ ◀ Point 2.4′
$\Leftrightarrow 7 = 14\cos\theta$
$\Leftrightarrow \underline{\cos\theta = \dfrac{1}{2}}$ より
$\vec{b}$ と $\vec{c}$ のなす角 θ は $\underline{\boldsymbol{\theta = 60°}}$ //

8

[考え方]

(1) これは簡単だよね。

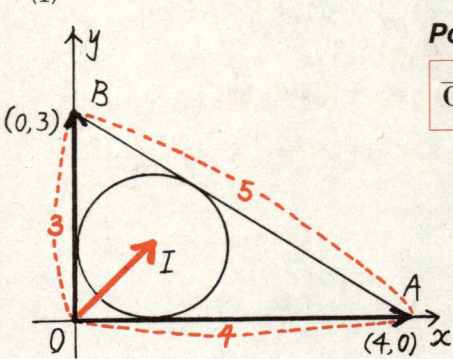

Point 1.12 より

$$\boxed{\overrightarrow{OI} = \frac{1}{3+4+5}(3\overrightarrow{OA} + 4\overrightarrow{OB})}$$ ◀ 例題11の((注2))[本文のP.58]を見よ

$$= \frac{1}{12}(3\overrightarrow{OA} + 4\overrightarrow{OB})$$

$$= \frac{1}{4}\overrightarrow{OA} + \frac{1}{3}\overrightarrow{OB}$$ ◀ $\frac{3}{12}\overrightarrow{OA} + \frac{4}{12}\overrightarrow{OB}$

$$= \frac{1}{4}(4, 0) + \frac{1}{3}(0, 3)$$ ◀ $\begin{cases}\overrightarrow{OA}=(4,0)\\ \overrightarrow{OB}=(0,3)\end{cases}$

$$= (1, 0) + (0, 1)$$ ◀ $x(a,b)=(xa,xb)$

$$= \underline{(1, 1)}$$ ◀ $(a,b)+(c,d)=(a+c, b+d)$

[解答]

(1) $\overrightarrow{OI} = \frac{1}{3+4+5}(3\overrightarrow{OA} + 4\overrightarrow{OB})$ ◀ 例題11の((注2))[本文のP.58]を見よ

$$= \frac{1}{4}\overrightarrow{OA} + \frac{1}{3}\overrightarrow{OB}$$ ◀ $\frac{1}{12}(3\overrightarrow{OA}+4\overrightarrow{OB})$

$$= \frac{1}{4}(4, 0) + \frac{1}{3}(0, 3)$$ ◀ $\overrightarrow{OA}=(4,0), \overrightarrow{OB}=(0,3)$

$$= \underline{(1, 1)} \;//$$ ◀ $(1,0)+(0,1)$

[考え方]

(2)

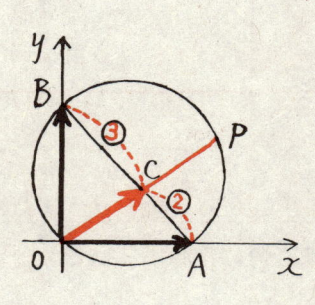

とりあえず，
(OPと同じ方向の) $\overrightarrow{OC}$
だったら簡単に
$\overrightarrow{OA}$ と $\overrightarrow{OB}$ で表すことができるよね。

Cは 線分ABを2：3に内分する点なので
$\overrightarrow{OC} = \dfrac{1}{2+3}(3\overrightarrow{OA}+2\overrightarrow{OB})$ ◀ Point 1.5

$= \dfrac{1}{5}(3\overrightarrow{OA}+2\overrightarrow{OB})$ がいえるよね。

よって，
3点 O，C，P は同一直線上にあるので
$\overrightarrow{OP} = l\overrightarrow{OC}$ ◀ Point 1.16

$= \dfrac{l}{5}(3\overrightarrow{OA}+2\overrightarrow{OB})$ ◀ $\overrightarrow{OC}=\dfrac{1}{5}(3\overrightarrow{OA}+2\overrightarrow{OB})$ を代入した

とおける！ ◀ $\overrightarrow{OP}$ を式で表せた！

さらに，$\dfrac{l}{5}$ は考えにくいので ◀ 分数は計算が汚くなり面倒くさい！

$\boxed{\dfrac{l}{5} \text{を} k \text{とおく}}$ と ◀ 式を見やすくする

$\overrightarrow{OP} = k(3\overrightarrow{OA}+2\overrightarrow{OB})$ が得られる。 ◀ とりあえず $\overrightarrow{OP}$ を1通りの形で表すことができた

この問題も **例題12** と同様に
$\overrightarrow{OP}$ をもう1通りの形で表すことが難しそうので
$\overrightarrow{OP} = k(3\overrightarrow{OA}+2\overrightarrow{OB})$ の k を求めることによって
$\overrightarrow{OP}$ を求めよう。 ◀ Point 1.14が使えそうにない！

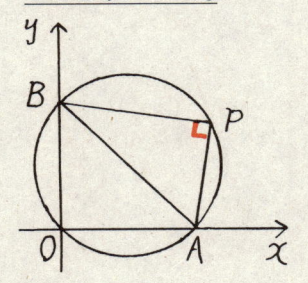

まず，気が付いていない人が多い
とは思うけれど，左図のように
$\boxed{\angle BPA \text{が直角になっている}}$
ということは分かるかい？

理由は次の(おそらく誰でも知っている)**基本事項**から分かるのだが，意外と気付かない人が多いので，次にこの設定の問題を見たときにはすぐに ∠BPA＝90° に気付くようにしておこう。

基本事項 1

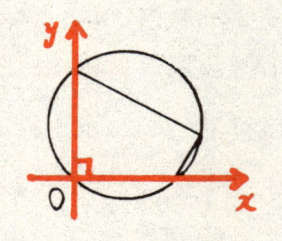

x 軸と y 軸は直角に交わっている。

基本事項 2

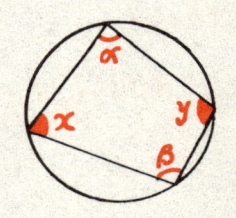

左図のように円に内接する四角形において
$$\begin{cases} \alpha + \beta = 180° \\ x + y = 180° \end{cases} \text{がいえる。}$$

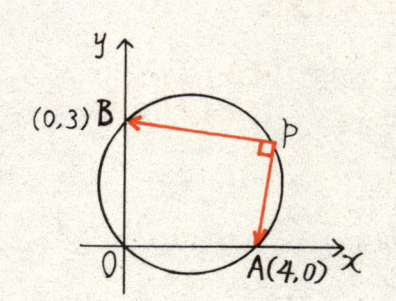

$\boxed{\overrightarrow{PA} と \overrightarrow{PB} は垂直に交わっている}$ ので
Point 2.2 より
$\overrightarrow{PA} \cdot \overrightarrow{PB} = 0 \quad \cdots\cdots (*)$
がいえるよね。

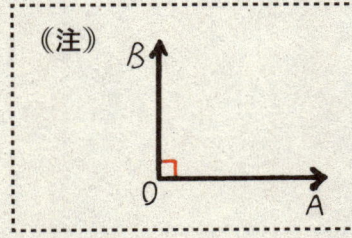

さらに，**Point 1.9** を使って $\vec{PA}$ と $\vec{PB}$ を $\vec{OA}$, $\vec{OB}$ で表すと

$$\begin{cases} \vec{PA} = -\vec{OP} + \vec{OA} = (-3k+1)\vec{OA} - 2k\vec{OB} \\ \vec{PB} = -\vec{OP} + \vec{OB} = -3k\vec{OA} + (-2k+1)\vec{OB} \end{cases}$$ ◀ Point 1.9

のようになるので，◀ $\vec{OP} = k(3\vec{OA} + 2\vec{OB})$ を代入した

$\vec{PA} \cdot \vec{PB} = 0$ ……(*)

$\Leftrightarrow \{(-3k+1)\vec{OA} - 2k\vec{OB}\} \cdot \{-3k\vec{OA} + (-2k+1)\vec{OB}\} = 0$

$\Leftrightarrow -3k(-3k+1)|\vec{OA}|^2 - 2k(-2k+1)|\vec{OB}|^2 = 0$ ◀ 下の《注》を見よ！

$\Leftrightarrow -3k(-3k+1)4^2 - 2k(-2k+1)3^2 = 0$ ◀ $|\vec{OA}| = 4$, $|\vec{OB}| = 3$

$\Leftrightarrow -(-3k+1)8 - (-2k+1)3 = 0$ ◀ k は明らかに 0 ではないので，両辺を $3 \cdot 2k(\neq 0)$ で割った

$\Leftrightarrow 24k - 8 + 6k - 3 = 0$ ◀ 展開した

$\Leftrightarrow 30k = 11 \quad \therefore \quad \underline{k = \dfrac{11}{30}}$ ◀ k が求められた！

よって，
$\vec{OP} = k(3\vec{OA} + 2\vec{OB})$ より

$\vec{OP} = \dfrac{11}{30}(3\vec{OA} + 2\vec{OB})$ ◀ $k = \dfrac{11}{30}$ を代入した

$= \dfrac{11}{10}\vec{OA} + \dfrac{11}{15}\vec{OB}$ ◀ 展開した

$= \dfrac{11}{10}(4, 0) + \dfrac{11}{15}(0, 3)$ ◀ $\vec{OA} = (4,0)$, $\vec{OB} = (0,3)$

$= \left(\dfrac{22}{5}, 0\right) + \left(0, \dfrac{11}{5}\right)$ ◀ $x(a,b) = (xa, xb)$

$= \underline{\left(\dfrac{22}{5}, \dfrac{11}{5}\right)} \bigm/\!\!/$ ◀ $(a,b)+(c,d)=(a+c, b+d)$

《注》

$\vec{OA}$ と $\vec{OB}$ は垂直に交わっているから $\vec{OA} \cdot \vec{OB} = 0$ がいえるので，◀ Point 2.2 いちいち $\vec{OA} \cdot \vec{OB}$ を書く必要はない！

[解答]

(2)

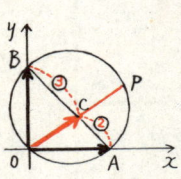

3点 O, C, P は同一直線上にあることから
$\overrightarrow{OP} = k(3\overrightarrow{OA} + 2\overrightarrow{OB})$ とおけるので、 ◀[考え方]参照

$\overrightarrow{PA} \perp \overrightarrow{PB}$ を考え、

$\overrightarrow{PA} \cdot \overrightarrow{PB} = 0$ ◀Point 2.2

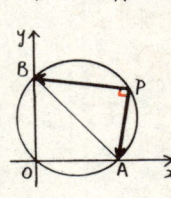

$\Leftrightarrow \{(-3k+1)\overrightarrow{OA} - 2k\overrightarrow{OB}\} \cdot \{-3k\overrightarrow{OA} + (-2k+1)\overrightarrow{OB}\} = 0$

$\Leftrightarrow -3k(-3k+1)|\overrightarrow{OA}|^2 - 2k(-2k+1)|\overrightarrow{OB}|^2 = 0$ ◀Point 2.7

$\Leftrightarrow -3k(-3k+1)4^2 - 2k(-2k+1)3^2 = 0$ ◀$|\overrightarrow{OA}|=4, |\overrightarrow{OB}|=3$

$\Leftrightarrow -(-3k+1)8 - (-2k+1)3 = 0$ ◀両辺を $3 \cdot 2k \, [\neq 0]$ で割った

$\Leftrightarrow 30k = 11$ ◀展開して整理した

$\therefore k = \dfrac{11}{30}$ ◀k が求められた!

よって,

$\overrightarrow{OP} = \dfrac{11}{30}(3\overrightarrow{OA} + 2\overrightarrow{OB})$ ◀$\overrightarrow{OP}=k(3\overrightarrow{OA}+2\overrightarrow{OB})$ に $k=\dfrac{11}{30}$ を代入した

$= \dfrac{11}{10}\overrightarrow{OA} + \dfrac{11}{15}\overrightarrow{OB}$ ◀展開した

$= \dfrac{11}{10}(4, 0) + \dfrac{11}{15}(0, 3)$ ◀$\overrightarrow{OA}=(4,0), \overrightarrow{OB}=(0,3)$

$= \left(\dfrac{22}{5}, \dfrac{11}{5}\right)$ ◀$\left(\dfrac{11}{10} \cdot 4, 0\right) + \left(0, \dfrac{11}{15} \cdot 3\right)$
$= \left(\dfrac{22}{5}, 0\right) + \left(0, \dfrac{11}{5}\right) = \left(\dfrac{22}{5}, \dfrac{11}{5}\right)$

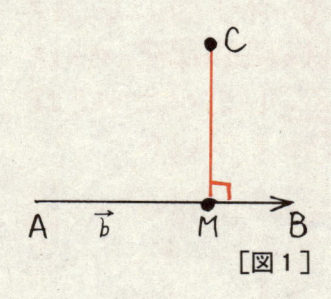

9

[考え方]
(1)

まず、
「点Cから直線ABにおろした
垂線の足をMとする」を図示すると
[図1]のようになる。

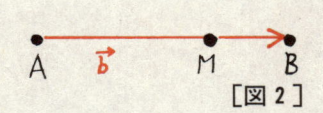

[図1]

[図2]のように
3点A, M, Bは同一直線上にある
ので、
$\overrightarrow{AM} = t\overrightarrow{AB}$ ◀ tは適当な定数
$\phantom{\overrightarrow{AM}} = t\vec{b}$ ……① ◀ $\overrightarrow{AB} = \vec{b}$
とおける よね。 ◀ Point 1.16

[図2]

よって、
$\overrightarrow{AM} = t\vec{b}$ ……① より、t を求めれば
$\overrightarrow{AM}$ を求めることができるよね。

そこで、[図1]を見ながら t の関係式をたててみよう。

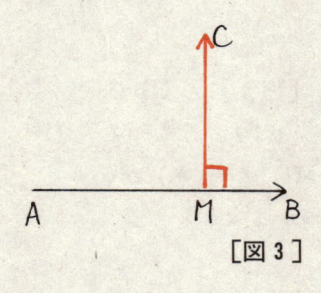

まず、[図3]より
$\overrightarrow{MC}$ と $\overrightarrow{AB}$ が垂直になっていることが
分かるよね。
そこで、**Point 2.2** を考え、
$\overrightarrow{MC} \cdot \overrightarrow{AB} = 0$ ……(★) がいえる
よね。 ◀ Mに関する式をたてることができた！

[図3]

さらに **Point 1.9** より
$\boxed{\overrightarrow{MC} = -\overrightarrow{AM} + \overrightarrow{AC}}$ がいえるので, ◀ 始点をAにそろえた！

$\overrightarrow{MC} \cdot \overrightarrow{AB} = 0$ ……(★)
$\Leftrightarrow (-\overrightarrow{AM} + \overrightarrow{AC}) \cdot \overrightarrow{AB} = 0$ ◀ $\overrightarrow{AM} = t\vec{b}$ ……①が使える形になった！
$\Leftrightarrow (-t\vec{b} + \vec{c}) \cdot \vec{b} = 0$ ◀ $\overrightarrow{AM}=t\vec{b}$ ……①と問題文の$\overrightarrow{AB}=\vec{b}$と$\overrightarrow{AC}=\vec{c}$を代入した
$\Leftrightarrow -t|\vec{b}|^2 + \vec{b} \cdot \vec{c} = 0$ ◀ Point 2.7, $\vec{c} \cdot \vec{b} = \vec{b} \cdot \vec{c}$ [P.57の(注1)を見よ]
$\Leftrightarrow -tb^2 + m = 0$ ◀ 問題文の$|\vec{b}|=b$と$\vec{b}\cdot\vec{c}=m$を代入した
$\Leftrightarrow tb^2 = m$
$\Leftrightarrow \underline{t = \dfrac{m}{b^2}}$ ◀ tを求めることができた！

よって,
$\overrightarrow{AM} = t\vec{b}$ ……① より

$\underline{\overrightarrow{AM} = \dfrac{m}{b^2}\vec{b}}$ が得られた！ ◀ $\overrightarrow{AM}=t\vec{b}$ ……①に$t=\dfrac{m}{b^2}$を代入した

(2)

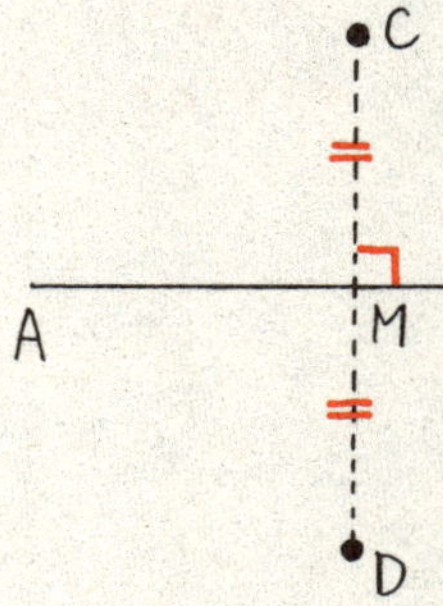

まず,
「直線 AB に関して
点 C と対称な点を D とする」
を図示すると [図4] のようになる。

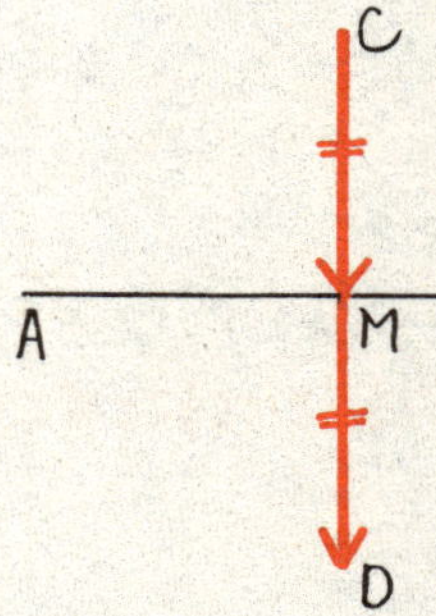

[図4]

さらに, [図5] のように
"対称点" に関しては
$\boxed{\overrightarrow{CM} = \overrightarrow{MD}}$ ……(*) がいえる
ことが分かるよね。

[図5]

内積とその周辺の問題　47

実は，対称点に関する問題では
$\vec{CM} = \vec{MD}$ ……(*) という関係式が 非常に重要になるんだ。
対称点に関する問題では，一般に 次の2通りの求め方がある。

解Ⅰ

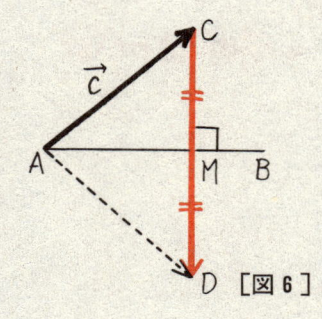

まず，いきなり $\vec{AD}$ を求めることは
無理そうだよね。

そこで，とりあえず
$\vec{AD} = \vec{AC} + \vec{CD}$　◀[図6]を見よ！
　　　 $= \vec{c} + \vec{CD}$ ……Ⓐ　◀ $\vec{AC} = \vec{c}$
について考えてみよう。

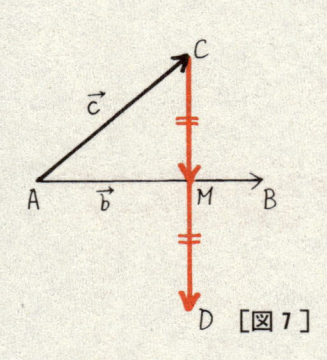

[図6]

$\vec{CD}$ については，[図7] より
$\vec{CM} = \vec{MD}$ ……(*) を考え
$\vec{CD} = 2\vec{CM}$ がいえる よね。　◀[図8]を見よ

よって
$\vec{AD} = \vec{c} + \vec{CD}$ ……Ⓐ
　　　 $= \vec{c} + 2\vec{CM}$ ……Ⓐ′
が得られる。◀ $\vec{AD}$ と D を使わないで表すことができた！

あとは
$\vec{CM}$ を $\vec{b}$ と $\vec{c}$ で書き直せばいいよね。

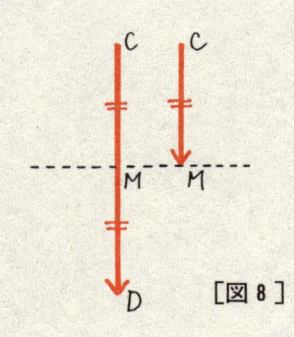

[図7]

そこで，
$\vec{CM} = -\vec{AC} + \vec{AM}$ を考え，◀Point1.9を使って始点をAにそろえた
$\vec{AD} = \vec{c} + 2\vec{CM}$ ……Ⓐ′
　　　 $= \vec{c} + 2(-\vec{AC} + \vec{AM})$　◀Point 1.9
　　　 $= \vec{c} + 2\left(-\vec{c} + \dfrac{m}{b^2}\vec{b}\right)$　◀(1)の結果を使った！
　　　 $= \dfrac{2m}{b^2}\vec{b} - \vec{c}$　が得られた！

[図8]

解Ⅱ

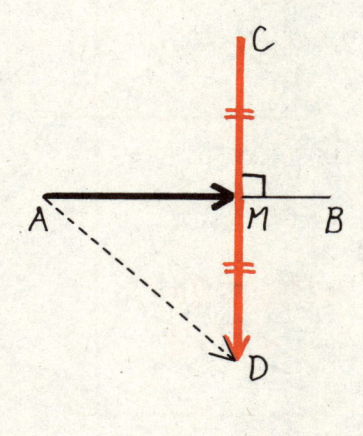

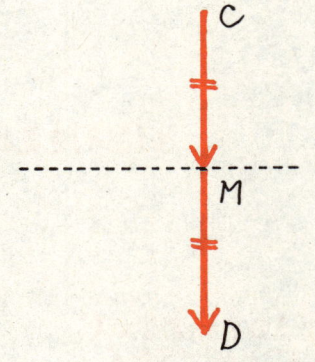

まず，左図を考え
$$\vec{AD} = \vec{AM} + \vec{MD} \quad \cdots\cdots ⓑ$$
がいえるよね。 ◀ $\vec{AM}$ は(1)で求めている！

さらに，
$\vec{MD} = \vec{CM}$ ……(∗) より
$\vec{AD} = \vec{AM} + \vec{MD}$ ……ⓑ
$\quad = \vec{AM} + \vec{CM}$ ……ⓑ′
が得られる。 ◀ $\vec{AD}$ をDを使わないで表すことができた！

よって，
$$\begin{aligned}\vec{AD} &= \vec{AM} + \vec{CM} \quad \cdots\cdots ⓑ' \\ &= \vec{AM} + (-\vec{AC} + \vec{AM}) \quad ◀ \text{Point 1.9} \\ &= -\vec{AC} + 2\vec{AM} \quad ◀ \text{整理した} \\ &= -\vec{c} + 2 \cdot \frac{m}{b^2}\vec{b} \quad ◀ \text{(1)の結果を使った！} \\ &= \underline{\underline{\frac{2m}{b^2}\vec{b} - \vec{c}}} \quad \text{が得られた！}\end{aligned}$$

(3) まず, **Point 1.10** を考え ◀ 入試問題では前の問題の結果が使える

(2)の結果 $\left(\overrightarrow{AD} = \dfrac{2m}{b^2}\vec{b} - \vec{c}\right)$ が使えるようにするために
求める $\overrightarrow{DE}$ を
$\overrightarrow{DE} = -\overrightarrow{AD} + \overrightarrow{AE}$ と書き直そう。 ◀ Point 1.9 を使って $\overrightarrow{AD}$ をつくった！

すると, (2)より　◀ $\overrightarrow{AD} = \dfrac{2m}{b^2}\vec{b} - \vec{c}$

$\overrightarrow{DE} = -\overrightarrow{AD} + \overrightarrow{AE}$

$\phantom{\overrightarrow{DE}} = -\dfrac{2m}{b^2}\vec{b} + \vec{c} + \overrightarrow{AE}$ ……③　が得られるので, ◀ (2)の結果を使った！

$\overrightarrow{DE}$ を求めるためには $\overrightarrow{AE}$ を求めればいいよね。

$\boxed{\overrightarrow{AE}\text{について}}$ ◀ $\overrightarrow{AE}$ は(2)の $\overrightarrow{AD}$ と全く同じ求め方で求めることができる（各自で確認せよ）が, できれば Point 1.10 を考え, 次のようにうまく(2)の結果を使って求めてほしい

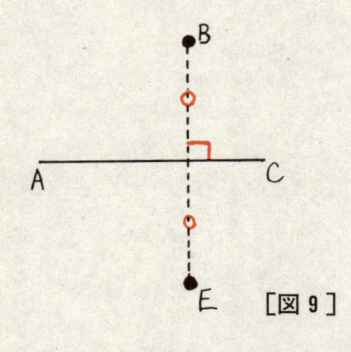

まず,
「直線 AC に関して
　点 B と対称な点を E とする」
を図示すると
[図 9] のようになる。

[図 9]

そこで,
[図 10] を見ながら $\overrightarrow{AE}$ を求めよう。

だけど, この [図 10] は
どこかで見たことがあるよね？

[図 10]

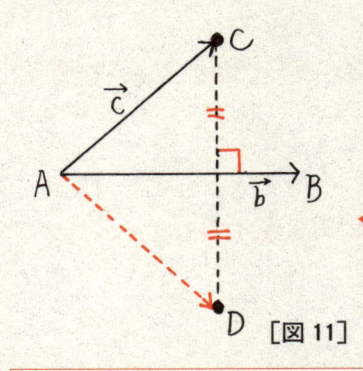

(2)は $\vec{AD}$ を求める問題だったけれど、
$\vec{AD}$ に関する図は
[図11] のようになっていたよね。

◀ [図10]と[図11]は BとCの位置が逆に なっているだけで、形はほとんど同じ！

[図10] と(2)で考えた [図11] の形は ほとんど同じなので、
$\vec{AE}$ は (2)の $\vec{AD}$ と同じ求め方（▶計算過程も同じ！）で
求めることができる よね。

さらに、
(2)と計算過程が同じ、ということは
同じ計算を既に(2)でやっている、ということ
だから、　◀ $\vec{AE}$ を求めるときに(2)の計算結果がそのまま使える！
(2)の計算結果を使えば
$\vec{AE}$ をイチイチ計算して求める必要はない よね。

そこで、
(2)の結果（[図12]）を使って $\vec{AE}$（[図13]）を求める方法について考えよう。

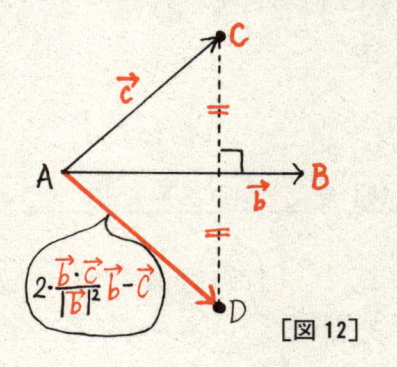

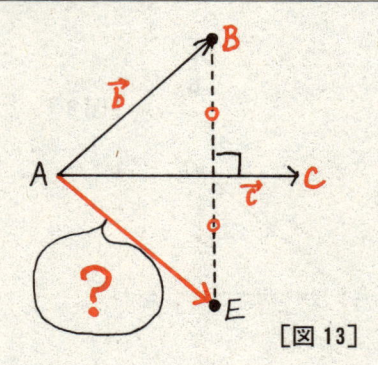

[図12]　$2\cdot\dfrac{\vec{b}\cdot\vec{c}}{|\vec{b}|^2}\vec{b}-\vec{c}$

[図13]　?

まず，
［図 12］と［図 13］は，形はほとんど同じだけれど，
$B(\vec{b})$ と $C(\vec{c})$ の位置だけは逆になっているよね。

そこで，
［図 12］の $B(\vec{b})$ と $C(\vec{c})$ を入れ換えてみると
次の［図 12］′ が得られる。

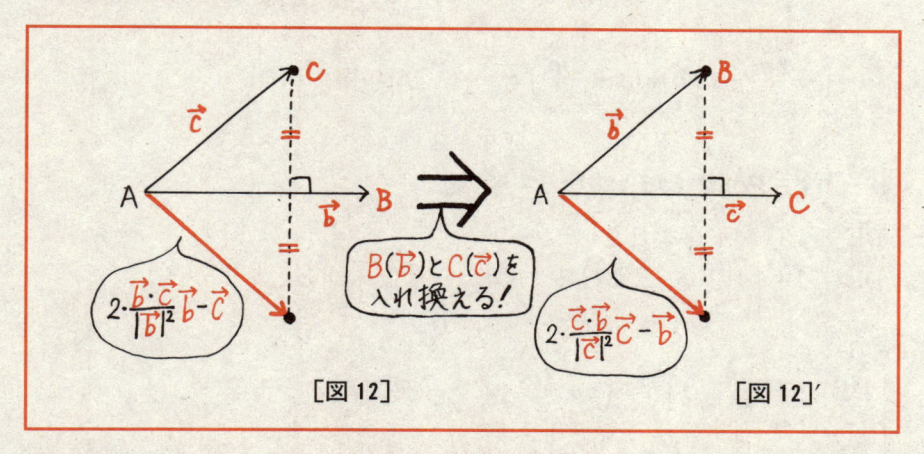

［図 12］′ から，直線 AC に関して点 B と対称な点は
$2 \cdot \dfrac{\vec{c} \cdot \vec{b}}{|\vec{c}|^2} \vec{c} - \vec{b}$ と書けることが分かるよね。

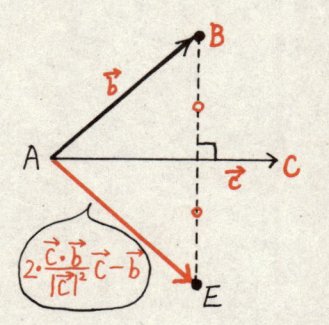

よって，
直線 AC に関して点 B と対称な点 E は
$\overrightarrow{AE} = 2 \cdot \dfrac{\vec{c} \cdot \vec{b}}{|\vec{c}|^2} \vec{c} - \vec{b}$ と書ける
ことが分かった！

［図 14］

以上より，

$$\vec{DE} = -\frac{2m}{b^2}\vec{b} + \vec{c} + \vec{AE} \quad \cdots\cdots ② \text{ を考え}$$

$$\vec{DE} = -\frac{2m}{b^2}\vec{b} + \vec{c} + 2\cdot\frac{\vec{c}\cdot\vec{b}}{|\vec{c}|^2}\vec{c} - \vec{b} \quad ◀ ②に\vec{AE}=2\cdot\frac{\vec{c}\cdot\vec{b}}{|\vec{c}|^2}\vec{c}-\vec{b}を代入した$$

$$= -\frac{2m}{b^2}\vec{b} + \vec{c} + \frac{2m}{c^2}\vec{c} - \vec{b} \quad ◀ |\vec{c}|=c, \vec{b}\cdot\vec{c}=\vec{c}\cdot\vec{b}=m\,[《注1》を見よ]$$

$$= \left(-\frac{2m}{b^2}-1\right)\vec{b} + \left(1+\frac{2m}{c^2}\right)\vec{c} \quad \cdots\cdots ②' \text{ が得られた。}$$

(4) まず，**Point 1.16** より

> $\vec{DE}$ と $\vec{BC}$ が平行なとき
> $\vec{DE} = l\vec{BC} \quad \cdots\cdots ③$ とおける

よね。 ◀《注2》を見よ

さらに，

$$\begin{cases} \vec{DE} = \left(-\dfrac{2m}{b^2}-1\right)\vec{b} + \left(1+\dfrac{2m}{c^2}\right)\vec{c} & \cdots\cdots ②' \\ \vec{BC} = -\vec{AB} + \vec{AC} = -\vec{b} + \vec{c} & ◀ \textbf{Point 1.9} \end{cases}$$

を考え，

$$\vec{DE} = l\vec{BC} \quad \cdots\cdots ③$$

$$\Leftrightarrow \left(-\frac{2m}{b^2}-1\right)\vec{b} + \left(1+\frac{2m}{c^2}\right)\vec{c} = l(-\vec{b} + \vec{c})$$

$$\Leftrightarrow \left(-\frac{2m}{b^2}-1\right)\vec{b} + \left(1+\frac{2m}{c^2}\right)\vec{c} = -l\vec{b} + l\vec{c} \quad \cdots\cdots ③'$$

が得られる。

内積とその周辺の問題　53

さらに，③′から，**Point 1.13** を考え

$$\begin{cases} -\dfrac{2m}{b^2}-1=-l & \cdots\cdots ⓐ \\ 1+\dfrac{2m}{c^2}=l & \cdots\cdots ⓑ \end{cases}$$
◀($\vec{b}$の係数)＝($\vec{b}$の係数)
◀($\vec{c}$の係数)＝($\vec{c}$の係数)

がいえるよね。

ここで，
僕らが勝手に使っている l をⓐとⓑから消去して
問題文で与えられている b, c, m だけの式を導くために

ⓐ＋ⓑ を考える と，◀ $-l+l=0$ に着目して l を消去する

$$\left(-\dfrac{2m}{b^2}-1\right)+\left(1+\dfrac{2m}{c^2}\right)=-l+l$$

$\Leftrightarrow -\dfrac{2m}{b^2}+\dfrac{2m}{c^2}=0$　◀ l が消えて b, c, m だけの式になった！

$\Leftrightarrow 2m\left(-\dfrac{1}{b^2}+\dfrac{1}{c^2}\right)=0$　◀ $2m$ でくくった

$\Leftrightarrow 2m(-c^2+b^2)=0$　◀両辺に b^2c^2 [≠0] を掛けて分母を払った！

$\Leftrightarrow 2m(-c+b)(c+b)=0$　◀因数分解した

$\Leftrightarrow m(-c+b)=0$　◀ $b>0$, $c>0$ より $c+b\neq0$ がいえるので
　　　　　　　　　　　　両辺を $2(c+b)$ [≠0] で割った！

$\Leftrightarrow m=0$ or $-c+b=0$　◀ $AB=0 \Leftrightarrow A=0$ or $B=0$

$\Leftrightarrow m=0$ or $b=c$

$\Leftrightarrow \vec{b}\cdot\vec{c}=0$ or $|\vec{b}|=|\vec{c}|$　◀ $m=\vec{b}\cdot\vec{c}$, $b=|\vec{b}|$, $c=|\vec{c}|$

が得られる。

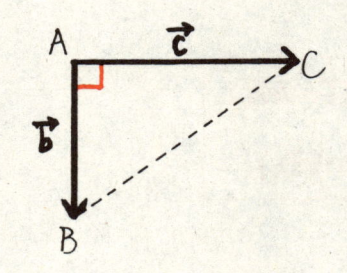

$\vec{b}\cdot\vec{c}=0$ のとき，**Point 2.2** を考え
$\vec{b}$ と $\vec{c}$ は左図のようになっているので，
三角形ABCは
∠A＝90°の直角三角形である
ことが分かる。

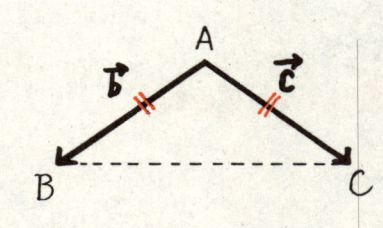

また，$|\vec{b}|=|\vec{c}|$ のとき，
$\vec{b}$ と $\vec{c}$ は左図のようになっているので，
三角形ABCは
AB＝AC の二等辺三角形である
ことが分かる。

以上より，
$\overrightarrow{DE}$ と $\overrightarrow{BC}$ が平行なとき，三角形ABCは
∠A＝90°の直角三角形 または AB＝AC の二等辺三角形
であることが分かった！

[解答]

(1)

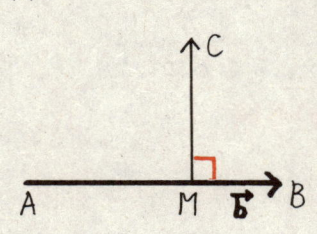

3点 A, M, B は同一直線上にあるから
$\overrightarrow{AM} = t\vec{b}$ ……① とおける。 ◀ Point1.16

また、
$\overrightarrow{MC} \perp \overrightarrow{AB}$ を考え ◀ 左図を見よ
$\overrightarrow{MC} \cdot \overrightarrow{AB} = 0$ がいえる ので、 ◀ Point2.2

$\overrightarrow{MC} \cdot \overrightarrow{AB} = 0$
$\Leftrightarrow (-\overrightarrow{AM} + \overrightarrow{AC}) \cdot \overrightarrow{AB} = 0$ ◀ Point1.9
$\Leftrightarrow (-t\vec{b} + \vec{c}) \cdot \vec{b} = 0$ ◀ $\overrightarrow{AM}=t\vec{b}$……①と$\overrightarrow{AC}=\vec{c}$と$\overrightarrow{AB}=\vec{b}$を代入した
$\Leftrightarrow -t|\vec{b}|^2 + \vec{b} \cdot \vec{c} = 0$ ◀ 展開した
$\Leftrightarrow tb^2 = m$ ◀ $|\vec{b}|=b$と$\vec{b}\cdot\vec{c}=m$を代入した
$\Leftrightarrow t = \dfrac{m}{b^2}$ ◀ tを求めることができた！

よって、

$\overrightarrow{AM} = \dfrac{m}{b^2}\vec{b}$ ……①' ◀ $\overrightarrow{AM}=t\vec{b}$……①に$t=\dfrac{m}{b^2}$を代入した

(2) ◀ 解Ⅰ, 解Ⅱ のどちらで解いてもいいのだが、ここでは 解Ⅰ で解くことにする

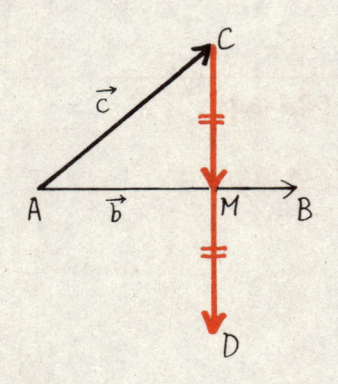

$\overrightarrow{AD} = \overrightarrow{AC} + \overrightarrow{CD}$ ◀ 左図を見よ
$= \overrightarrow{AC} + 2\overrightarrow{CM}$ ◀ [考え方]参照
$= \overrightarrow{AC} + 2(-\overrightarrow{AC} + \overrightarrow{AM})$ ◀ Point1.9
$= -\overrightarrow{AC} + 2\overrightarrow{AM}$ ◀ 整理した
$= -\vec{c} + \dfrac{2m}{b^2}\vec{b}$ ◀ ①'を代入した

(3)

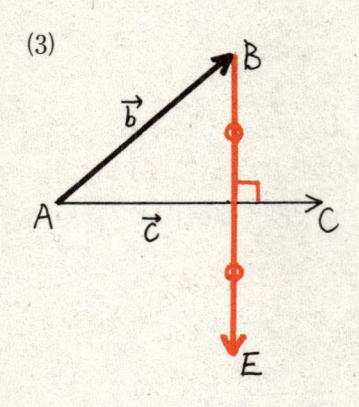

$\overrightarrow{AE}$ は (2) の $\overrightarrow{AD} = -\vec{c} + \dfrac{2m}{b^2}\vec{b}$ の $\vec{b}$ と $\vec{c}$ を入れ換え，b を c にしたものだから， ◀ [考え方] 参照

$\overrightarrow{AE} = -\vec{b} + \dfrac{2m}{c^2}\vec{c}$ ……②

がいえる。

よって，
$\overrightarrow{DE} = -\overrightarrow{AD} + \overrightarrow{AE}$ ◀ Point 1.9

$= -\left(-\vec{c} + \dfrac{2m}{b^2}\vec{b}\right) + \left(-\vec{b} + \dfrac{2m}{c^2}\vec{c}\right)$ ◀ (2)の結果と②を代入した

$= \left(-\dfrac{2m}{b^2} - 1\right)\vec{b} + \left(1 + \dfrac{2m}{c^2}\right)\vec{c}$

(4) $\overrightarrow{DE}$ と $\overrightarrow{BC}$ が平行なとき
$\overrightarrow{DE} = l\overrightarrow{BC}$ とおける ので， ◀ Point 1.16

$\overrightarrow{DE} = l\overrightarrow{BC}$

$\Leftrightarrow \left(-\dfrac{2m}{b^2} - 1\right)\vec{b} + \left(1 + \dfrac{2m}{c^2}\right)\vec{c} = -l\vec{b} + l\vec{c}$ ◀ (3)の結果を代入した

よって，$\vec{b}$ と $\vec{c}$ が1次独立であることを考え

$\begin{cases} -\dfrac{2m}{b^2} - 1 = -l & \cdots\cdots ⓐ \\ 1 + \dfrac{2m}{c^2} = l & \cdots\cdots ⓑ \end{cases}$ ◀ ($\vec{b}$の係数)=($\vec{b}$の係数)
◀ ($\vec{c}$の係数)=($\vec{c}$の係数)

がいえる。 ◀ Point 1.13

ここで，

$\boxed{\text{ⓐ+ⓑ を考える}}$ と ◀ 僕らが勝手に使っている ℓ を消去する！

$-\dfrac{2m}{b^2}+\dfrac{2m}{c^2}=0$ ◀ ℓ が消えた！

$\Leftrightarrow 2m\left(-\dfrac{1}{b^2}+\dfrac{1}{c^2}\right)=0$ ◀ $2m$ でくくった

$\Leftrightarrow 2m(-c^2+b^2)=0$ ◀ 両辺に b^2c^2 [≠0] を掛けて分母を払った！

$\Leftrightarrow 2m(-c+b)(c+b)=0$ ◀ 因数分解した

$\Leftrightarrow m(-c+b)=0$ ◀ 両辺を $2(c+b)$ [≠0] で割った！

$\Leftrightarrow m=0$ or $b=c$ ◀ AB=0 ⇔ A=0 or B=0

$\Leftrightarrow \vec{b}\cdot\vec{c}=0$ or $|\vec{b}|=|\vec{c}|$ が得られる。 ◀ $m=\vec{b}\cdot\vec{c},\ b=|\vec{b}|,\ c=|\vec{c}|$

よって，
$\overrightarrow{DE}$ と $\overrightarrow{BC}$ が平行なとき，三角形ABCは
∠A＝90°の直角三角形 または AB＝AC の二等辺三角形 である。

（注1） $\vec{b}\cdot\vec{c}=\vec{c}\cdot\vec{b}$ について

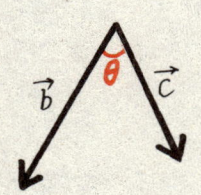

まず，
$\vec{b}$ と $\vec{c}$ が左図のようになっているとき
$\begin{cases}\vec{b}\cdot\vec{c}=|\vec{b}||\vec{c}|\cos\theta & \cdots\cdots Ⓐ\\ \vec{c}\cdot\vec{b}=|\vec{c}||\vec{b}|\cos\theta & \cdots\cdots Ⓑ\end{cases}$
がいえるよね。 ◀ Point 2.1

さらに，
$|\vec{b}||\vec{c}|=|\vec{c}||\vec{b}|$ を考え ◀ $x\times y=y\times x$ のように "普通の掛け算" は
$|\vec{b}||\vec{c}|\cos\theta=|\vec{c}||\vec{b}|\cos\theta$ 　　順番を入れ換えることができる
がいえるので，
ⒶとⒷから，一般に $\vec{b}\cdot\vec{c}=\vec{c}\cdot\vec{b}$ が成立することがいえた。

（注2）　2つのベクトルが平行である条件について

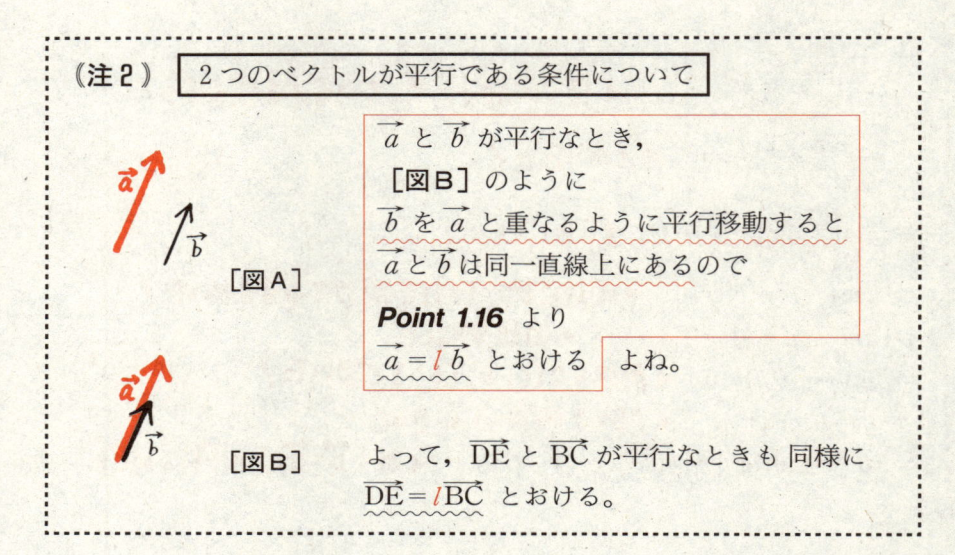

$\vec{a}$ と $\vec{b}$ が平行なとき，
［図B］のように
$\vec{b}$ を $\vec{a}$ と重なるように平行移動すると
$\vec{a}$ と $\vec{b}$ は同一直線上にあるので
Point 1.16 より
$\vec{a} = l\vec{b}$ とおける　よね。

［図A］

［図B］

よって，$\overrightarrow{DE}$ と $\overrightarrow{BC}$ が平行なときも同様に
$\overrightarrow{DE} = l\overrightarrow{BC}$ とおける。

10

[Intro]

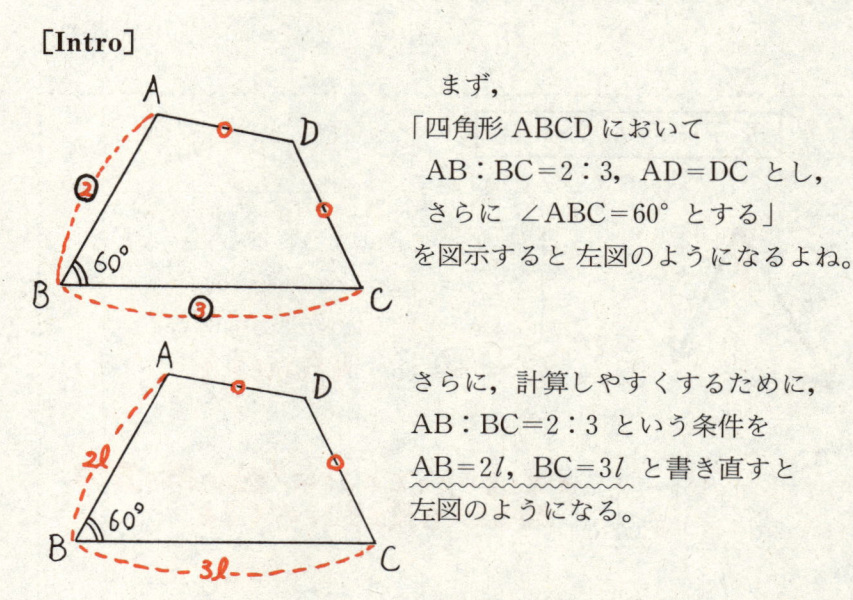

まず，
「四角形 ABCD において
AB : BC = 2 : 3，AD = DC とし，
さらに ∠ABC = 60° とする」
を図示すると左図のようになるよね。

さらに，計算しやすくするために，
AB : BC = 2 : 3 という条件を
AB = $2l$，BC = $3l$ と書き直すと
左図のようになる。

以下，この図を使って(1)と(2)を考えてみよう。

[考え方]

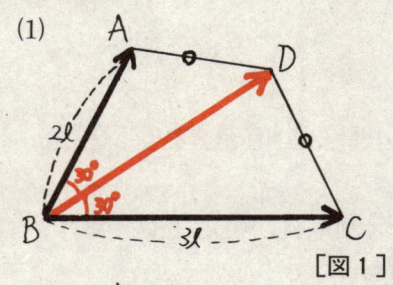

(1)

まず，
「線分 BD が ∠ABC を二等分する」
ので，[図1]が得られるよね。

さらに，[図2]のように
BD と AC の交点を F とすると，
BF は ∠ABC の二等分線なので
AF : FC = 2 : 3
がいえる よね。 ◀ AF:FC=AB:BC =2:3 Point 1.8

よって，**Point 1.5** より

$$\overrightarrow{BF} = \frac{1}{5}(3\overrightarrow{BA} + 2\overrightarrow{BC}) \quad \cdots\cdots ⓐ$$

がいえる。 ◀[図3]を見よ

さらに，[図4]のように
3点 B, F, D は同一直線上にあるので
$\overrightarrow{BD} = s\overrightarrow{BF}$ とおける。 ◀ Point 1.16

よって，ⓐ より

$$\overrightarrow{BD} = s\overrightarrow{BF}$$
$$= \frac{s}{5}(3\overrightarrow{BA} + 2\overrightarrow{BC}) \quad ◀ⓐを代入した$$

さらに，$\frac{s}{5}$ は考えにくいので， ◀分数は計算が汚くなり面倒くさい！

$\frac{s}{5}$ を k とおく と ◀式を見やすくする

$$\overrightarrow{BD} = k(3\overrightarrow{BA} + 2\overrightarrow{BC}) \quad \cdots\cdots ①$$

◀ $\overrightarrow{BD}$ を $\overrightarrow{BA}$ と $\overrightarrow{BC}$ を使って表すことができた

が得られる。

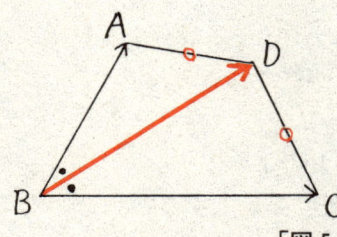

あとは，k を求めれば，$\vec{BD} = k(3\vec{BA} + 2\vec{BC})$ ……① から
$\vec{BD}$ が求められるよね。

そこで，
[図5]を見ながら k の関係式をたててみよう。

まず，
問題文で与えられた AD＝DC という条件を
まだ使っていないので
AD＝DC に着目して式をたててみよう。

[図5]

AD＝DC をベクトルを使って書き直すと
$|\vec{AD}| = |\vec{DC}|$ ……(∗) になる よね。

そこで，
$$\begin{cases} \vec{AD} = -\vec{BA} + \vec{BD} & \blacktriangleleft \text{Point 1.9 を使って①が使える形にした！} \\ \quad = (3k-1)\vec{BA} + 2k\vec{BC} & \blacktriangleleft \vec{BD} = 3k\vec{BA} + 2k\vec{BC}\ ……① を代入した \\ \vec{DC} = -\vec{BD} + \vec{BC} & \blacktriangleleft \text{Point 1.9 を使って①が使える形にした！} \\ \quad = -3k\vec{BA} + (-2k+1)\vec{BC} & \blacktriangleleft \vec{BD} = 3k\vec{BA} + 2k\vec{BC}\ ……① を代入した \end{cases}$$

を考え，$|\vec{AD}| = |\vec{DC}|$ ……(∗) より
$|(3k-1)\vec{BA} + 2k\vec{BC}| = |-3k\vec{BA} + (-2k+1)\vec{BC}|$ ……(∗)′
が得られる。 ◀ k についての式が得られた！

だけど，$|(3k-1)\vec{BA} + 2k\vec{BC}| = |-3k\vec{BA} + (-2k+1)\vec{BC}|$ ……(∗)′
のままだと計算ができないよね。
そこで，(Point 2.8 を使って) 計算できるようにするために
(∗)′の両辺を2乗する と，

$|(3k-1)\vec{BA} + 2k\vec{BC}|^2 = |-3k\vec{BA} + (-2k+1)\vec{BC}|^2$

$\Leftrightarrow (3k-1)^2|\vec{BA}|^2 + 2\cdot(3k-1)\cdot 2k\,\vec{BA}\cdot\vec{BC} + (2k)^2|\vec{BC}|^2$ ◀ Point 2.8 を使って展開した
$\quad = (-3k)^2|\vec{BA}|^2 + 2\cdot(-3k)\cdot(-2k+1)\vec{BA}\cdot\vec{BC} + (-2k+1)^2|\vec{BC}|^2$

$\Leftrightarrow (9k^2-6k+1)|\vec{BA}|^2 + (12k^2-4k)\vec{BA}\cdot\vec{BC} + 4k^2|\vec{BC}|^2$
$\quad = 9k^2|\vec{BA}|^2 + (12k^2-6k)\vec{BA}\cdot\vec{BC} + (4k^2-4k+1)|\vec{BC}|^2$ ◀ 展開した

$\Leftrightarrow (-6k+1)|\vec{BA}|^2 + 2k\,\vec{BA}\cdot\vec{BC} + (4k-1)|\vec{BC}|^2 = 0$ ……(∗)″ ◀ 整理した

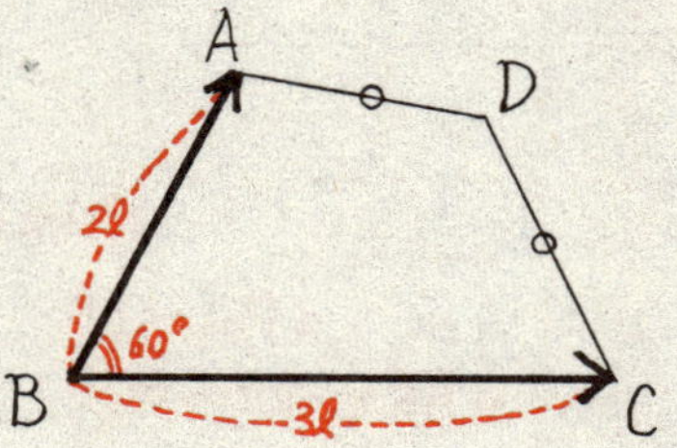

内積とその周辺の問題 61

ここで,
$$\begin{cases} |\overrightarrow{BA}| = 2l \quad \cdots\cdots ⓐ \\ |\overrightarrow{BC}| = 3l \quad \cdots\cdots ⓑ \\ \overrightarrow{BA}\cdot\overrightarrow{BC} = |\overrightarrow{BA}||\overrightarrow{BC}|\cos 60° \quad ◀\text{Point 2.1}\\ \quad\quad\quad = 2l\cdot 3l\cdot\dfrac{1}{2} \quad ◀ⓐとⓑを代入した \\ \quad\quad\quad = 3l^2 \quad \cdots\cdots ⓒ \end{cases}$$
を考え,

$(-6k+1)|\overrightarrow{BA}|^2 + 2k\overrightarrow{BA}\cdot\overrightarrow{BC} + (4k-1)|\overrightarrow{BC}|^2 = 0 \quad \cdots\cdots (*)''$

$\Leftrightarrow (-6k+1)\cdot(2l)^2 + 2k\cdot 3l^2 + (4k-1)\cdot(3l)^2 = 0$ ◀ⓐとⓑとⓒを代入した

$\Leftrightarrow (-24k+4) + 6k + (36k-9) = 0$ ◀両辺を l^2 [≠0]で割って展開した

$\Leftrightarrow 18k = 5$ ◀整理した

$\therefore k = \dfrac{5}{18}$ ◀kを求めることができた

よって,
$\overrightarrow{BD} = k(3\overrightarrow{BA} + 2\overrightarrow{BC}) \quad \cdots\cdots ①$ より

$\overrightarrow{BD} = \dfrac{5}{18}(3\overrightarrow{BA} + 2\overrightarrow{BC})$ ◀①に $k=\dfrac{5}{18}$ を代入した

$\quad = \dfrac{5}{6}\overrightarrow{BA} + \dfrac{5}{9}\overrightarrow{BC}$ ◀$\overrightarrow{BD}$を求めることができた！

[考え方]
(2)

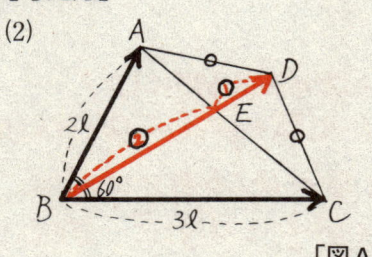

[図A]

[図B]

まず,
「BDとACの交点をEとし,
EがBE：ED＝2：1を満たす」
を図示すると, [図A] のようになる。

[図A] から
$\overrightarrow{BD} = \dfrac{3}{2}\overrightarrow{BE} \quad \cdots\cdots ②$

がいえるので, ◀[図B]を見よ
$\overrightarrow{BE}$ を $\overrightarrow{BA}$ と $\overrightarrow{BC}$ で表せば
$\overrightarrow{BD}$ を $\overrightarrow{BA}$ と $\overrightarrow{BC}$ で表すことができる
よね。

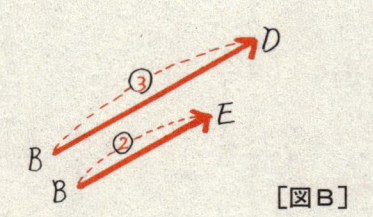

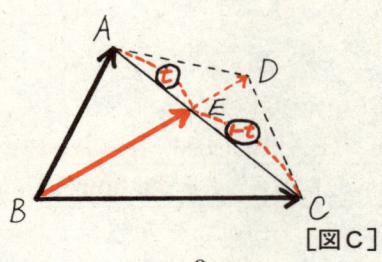

そこで，$\vec{BE}$ について考えよう。

[図C] のように
AE：EC＝t：$1-t$ とおく と ◀Point 1.15
$\vec{BE}=(1-t)\vec{BA}+t\vec{BC}$ ◀Point 1.5
がいえるよね。 ◀$\vec{BE}$ が求められた

よって，$\vec{BD}=\dfrac{3}{2}\vec{BE}$ ……② より

$\vec{BD}=\dfrac{3}{2}\{(1-t)\vec{BA}+t\vec{BC}\}$ ◀②に $\vec{BE}=(1-t)\vec{BA}+t\vec{BC}$ を代入した

　　$=\dfrac{3}{2}(1-t)\vec{BA}+\dfrac{3}{2}t\vec{BC}$ ……②′ が得られた。

あとは，t を求めれば，$\vec{BD}=\dfrac{3}{2}(1-t)\vec{BA}+\dfrac{3}{2}t\vec{BC}$ ……②′ から
$\vec{BD}$ が求められるよね。

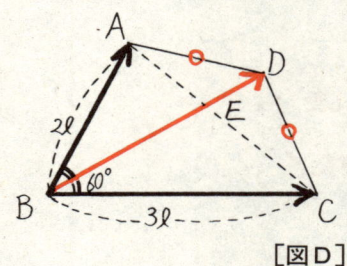

そこで，
[図D]を見ながら t の関係式をたててみよう。

まず，(1)と同様に
AD＝DC がいえるので，
$|\vec{AD}|=|\vec{DC}|$ ……（∗）が使えるよね。

そこで，(1)と同様に
$\begin{cases} \vec{AD}=-\vec{BA}+\vec{BD} \quad \text{◀Point 1.9 を使って②′ が使える形にした！}\\ \quad\quad =\dfrac{1}{2}(1-3t)\vec{BA}+\dfrac{3}{2}t\vec{BC} \quad \text{◀}\vec{BD}=\dfrac{3}{2}(1-t)\vec{BA}+\dfrac{3}{2}t\vec{BC}……②'を代入した\\ \vec{DC}=-\vec{BD}+\vec{BC} \quad \text{◀Point 1.9 を使って②′ が使える形にした！}\\ \quad\quad =-\dfrac{3}{2}(1-t)\vec{BA}+\left(-\dfrac{3}{2}t+1\right)\vec{BC} \quad \text{◀}\vec{BD}=\dfrac{3}{2}(1-t)\vec{BA}+\dfrac{3}{2}t\vec{BC}……②'を代入した \end{cases}$

を考え，$|\vec{AD}|=|\vec{DC}|$ ……（∗）より

$\left|\dfrac{1}{2}(1-3t)\vec{BA}+\dfrac{3}{2}t\vec{BC}\right|=\left|-\dfrac{3}{2}(1-t)\vec{BA}+\left(-\dfrac{3}{2}t+1\right)\vec{BC}\right|$

$\Leftrightarrow |(1-3t)\vec{BA}+3t\vec{BC}|=|-3(1-t)\vec{BA}+(-3t+2)\vec{BC}|$ ……（∗）″

が得られる。 ◀両辺に2を掛けて分母を払った

内積とその周辺の問題　63

だけど，$|(1-3t)\vec{BA}+3t\vec{BC}|=|-3(1-t)\vec{BA}+(-3t+2)\vec{BC}|$ ……(＊)″
のままだと計算ができないので，(1)と同様に
(**Point 2.8** を使って) 計算できるようにするために
(＊)″の両辺を2乗する と，

$$|(1-3t)\vec{BA}+3t\vec{BC}|^2=|-3(1-t)\vec{BA}+(-3t+2)\vec{BC}|^2$$

$\Leftrightarrow (1-3t)^2|\vec{BA}|^2+2\cdot(1-3t)\cdot 3t\,\vec{BA}\cdot\vec{BC}+(3t)^2|\vec{BC}|^2$
　　$=\{-3(1-t)\}^2|\vec{BA}|^2+2\cdot\{-3(1-t)\}\cdot(-3t+2)\vec{BA}\cdot\vec{BC}+(-3t+2)^2|\vec{BC}|^2$

$\Leftrightarrow (1-6t+9t^2)|\vec{BA}|^2+(6t-18t^2)\vec{BA}\cdot\vec{BC}+9t^2|\vec{BC}|^2$
　　$=(9-18t+9t^2)|\vec{BA}|^2+(-18t^2+30t-12)\vec{BA}\cdot\vec{BC}+(9t^2-12t+4)|\vec{BC}|^2$

$\Leftrightarrow (12t-8)|\vec{BA}|^2+(-24t+12)\vec{BA}\cdot\vec{BC}+(12t-4)|\vec{BC}|^2=0$　◀整理した

$\Leftrightarrow (12t-8)\cdot(2l)^2+(-24t+12)\cdot 3l^2+(12t-4)\cdot(3l)^2=0$　◀Ⓐ,Ⓑ,Ⓒを代入した

$\Leftrightarrow (12t-8)+(-6t+3)3+(3t-1)9=0$　◀両辺を $4l^2$ [≠0]で割った

$\Leftrightarrow 21t=8$　◀展開して整理した

$\therefore\ t=\dfrac{8}{21}$　◀t を求めることができた

よって，
$\vec{BD}=\dfrac{3}{2}(1-t)\vec{BA}+\dfrac{3}{2}t\vec{BC}$ ……②′ より

$\vec{BD}=\dfrac{3}{2}\left(1-\dfrac{8}{21}\right)\vec{BA}+\dfrac{3}{2}\cdot\dfrac{8}{21}\vec{BC}$　◀②′に $t=\dfrac{8}{21}$ を代入した

　　$=\dfrac{13}{14}\vec{BA}+\dfrac{4}{7}\vec{BC}$　◀$\vec{BD}$ を求めることができた！

[解答]

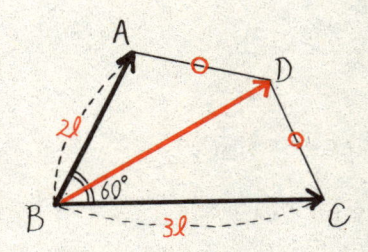

AB：BC ＝ 2：3 より
$\begin{cases} AB = 2l \\ BC = 3l \end{cases}$ とおける。

(1)

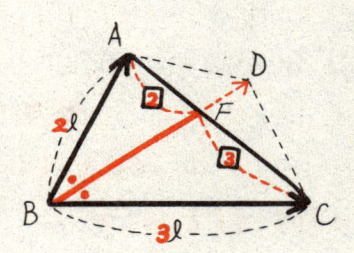

まず，
左図のように F を設定すると，
BF は ∠ABC の二等分線なので
AF：FC ＝ 2：3 ◀ Point 1.8
がいえる。 ◀[考え方]参照

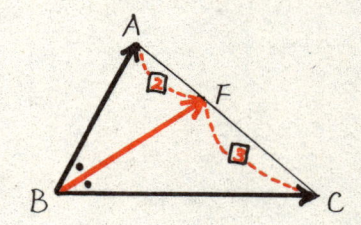

よって，
$\overrightarrow{BF} = \dfrac{1}{5}(3\overrightarrow{BA} + 2\overrightarrow{BC})$ ◀ Point 1.5
がいえるので， ◀左図を見よ

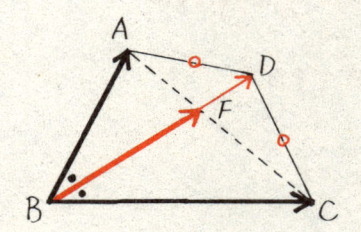

3 点 B, F, D が同一直線上にある
ことを考え，
$\overrightarrow{BD} = k(3\overrightarrow{BA} + 2\overrightarrow{BC})$ ◀ Point 1.16
とおける。 ◀[考え方]参照

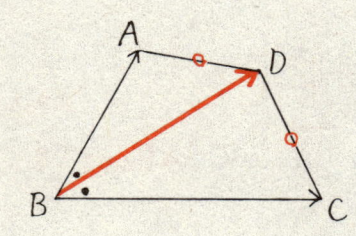

ここで，
$|\vec{AD}|=|\vec{DC}|$ から　◀ AD=DC
$|-\vec{BA}+\vec{BD}|=|-\vec{BD}+\vec{BC}|$　◀ Point1.9
がいえるので，

$|(3k-1)\vec{BA}+2k\vec{BC}|=|-3k\vec{BA}+(-2k+1)\vec{BC}|$ ◀ $|-\vec{BA}+\vec{BD}|=|-\vec{BD}+\vec{BC}|$ に $\vec{BD}=k(3\vec{BA}+2\vec{BC})$ を代入した

$\Leftrightarrow |(3k-1)\vec{BA}+2k\vec{BC}|^2=|-3k\vec{BA}+(-2k+1)\vec{BC}|^2$ ◀ Point2.8が使えるように両辺を2乗した

$\Leftrightarrow (9k^2-6k+1)|\vec{BA}|^2+(12k^2-4k)\vec{BA}\cdot\vec{BC}+4k^2|\vec{BC}|^2$ ◀ Point2.8を使って展開した
$=9k^2|\vec{BA}|^2+(12k^2-6k)\vec{BA}\cdot\vec{BC}+(4k^2-4k+1)|\vec{BC}|^2$

$\Leftrightarrow (-6k+1)|\vec{BA}|^2+2k\vec{BA}\cdot\vec{BC}+(4k-1)|\vec{BC}|^2=0$ ◀ 整理した

$\Leftrightarrow (-6k+1)\cdot(2l)^2+2k\cdot 3l^2+(4k-1)\cdot(3l)^2=0$ ◀ $\begin{cases}|\vec{BA}|=2l, |\vec{BC}|=3l \\ \vec{BA}\cdot\vec{BC}=|\vec{BA}||\vec{BC}|\cos 60°=3l^2\end{cases}$

$\Leftrightarrow (-24k+4)+6k+(36k-9)=0$ ◀ 両辺を $l^2(\neq 0)$ で割って展開した

$\Leftrightarrow 18k=5$ ◀ 整理した

$\therefore k=\dfrac{5}{18}$ ◀ k を求めることができた

よって，
$\vec{BD}=\dfrac{5}{6}\vec{BA}+\dfrac{5}{9}\vec{BC}$ ◀ $\vec{BD}=k(3\vec{BA}+2\vec{BC})$ に $k=\dfrac{5}{18}$ を代入した

(2) まず，左図を考え
$\vec{BD}=\dfrac{3}{2}\vec{BE}$ ……① がいえる。

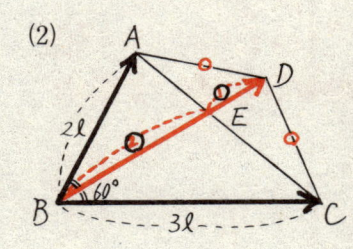

さらに，左図のように
$$\boxed{AE:EC = t:1-t \text{とおく}}$$ と ◀ Point 1.15

$\overrightarrow{BE} = (1-t)\overrightarrow{BA} + t\overrightarrow{BC}$ ◀ Point 1.5

がいえるので，

$\overrightarrow{BD} = \dfrac{3}{2}\overrightarrow{BE}$ ……①

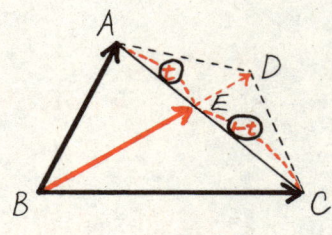

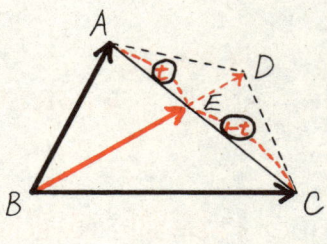

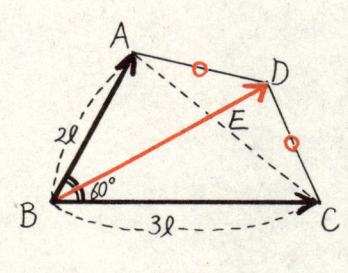

$= \dfrac{3}{2}(1-t)\overrightarrow{BA} + \dfrac{3}{2}t\overrightarrow{BC}$ ……①′

が得られる。

ここで，
$|\overrightarrow{AD}| = |\overrightarrow{DC}|$ から ◀ AD = DC
$|-\overrightarrow{BA} + \overrightarrow{BD}| = |-\overrightarrow{BD} + \overrightarrow{BC}|$ ◀ Point 1.9
がいえるので，

$\left|\dfrac{1}{2}(1-3t)\overrightarrow{BA} + \dfrac{3}{2}t\overrightarrow{BC}\right| = \left|-\dfrac{3}{2}(1-t)\overrightarrow{BA} + \left(-\dfrac{3}{2}t+1\right)\overrightarrow{BC}\right|$ ◀ ①′を代入した

$\Leftrightarrow |(1-3t)\overrightarrow{BA} + 3t\overrightarrow{BC}| = |-3(1-t)\overrightarrow{BA} + (-3t+2)\overrightarrow{BC}|$ ◀ 両辺に2を掛けて分母を払った

$\Leftrightarrow |(1-3t)\overrightarrow{BA} + 3t\overrightarrow{BC}|^2 = |-3(1-t)\overrightarrow{BA} + (-3t+2)\overrightarrow{BC}|^2$ ◀ Point 2.8が使えるように両辺を2乗した

$\Leftrightarrow (1-6t+9t^2)|\overrightarrow{BA}|^2 + (6t-18t^2)\overrightarrow{BA}\cdot\overrightarrow{BC} + 9t^2|\overrightarrow{BC}|^2$ ◀ Point 2.8を使って展開した
$= (9-18t+9t^2)|\overrightarrow{BA}|^2 + (-18t^2+30t-12)\overrightarrow{BA}\cdot\overrightarrow{BC} + (9t^2-12t+4)|\overrightarrow{BC}|^2$

$\Leftrightarrow (12t-8)|\overrightarrow{BA}|^2 + (-24t+12)\overrightarrow{BA}\cdot\overrightarrow{BC} + (12t-4)|\overrightarrow{BC}|^2 = 0$ ◀ 整理した

$\Leftrightarrow (12t-8)\cdot(2\ell)^2 + (-24t+12)\cdot 3\ell^2 + (12t-4)\cdot(3\ell)^2 = 0$ ◀ $\begin{cases}|\overrightarrow{BA}|=2\ell, \ |\overrightarrow{BC}|=3\ell \\ \overrightarrow{BA}\cdot\overrightarrow{BC}=|\overrightarrow{BA}||\overrightarrow{BC}|\cos 60°=3\ell^2\end{cases}$

$\Leftrightarrow (12t-8) + (-18t+9) + (27t-9) = 0$ ◀ 両辺を$4\ell^2 (\neq 0)$で割って展開した

$\Leftrightarrow 21t = 8$ ◀ 整理した

$\therefore \ t = \dfrac{8}{21}$ ◀ tを求めることができた

よって，
$\overrightarrow{BD} = \dfrac{13}{14}\overrightarrow{BA} + \dfrac{4}{7}\overrightarrow{BC}$ ◀ $\overrightarrow{BD} = \dfrac{3}{2}(1-t)\overrightarrow{BA} + \dfrac{3}{2}t\overrightarrow{BC}$ に $t=\dfrac{8}{21}$ を代入した

11

[考え方]

(1)

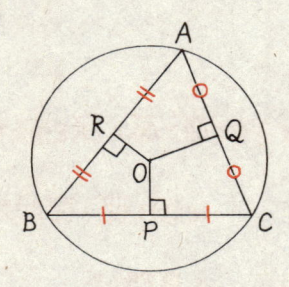

まず，次の **基本事項** から
3点 P, Q, R は各辺の中点である
ことが分かるよね。

基本事項

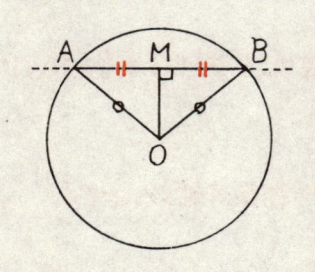

円の中心 O から弦 AB に
垂線を下ろし，
その垂線の足を M とすると
M は辺 AB の中点になっている。
(▶対称性から明らか！)

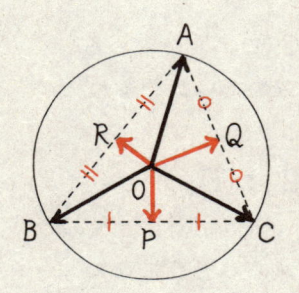

よって，**Point 1.6**（中点の公式）から

$$\begin{cases} \vec{OP} = \frac{1}{2}(\vec{OB}+\vec{OC}) & \cdots\cdots ① \\ \vec{OQ} = \frac{1}{2}(\vec{OA}+\vec{OC}) & \cdots\cdots ② \\ \vec{OR} = \frac{1}{2}(\vec{OA}+\vec{OB}) & \cdots\cdots ③ \end{cases}$$

がいえるよね。 ◀ $\vec{OP}$ と $\vec{OQ}$ と $\vec{OR}$ を $\vec{OA}$, $\vec{OB}$, $\vec{OC}$ だけで表せた！

あとは ①，②，③を $\vec{OP}+2\vec{OQ}+3\vec{OR}=\vec{0}$ に代入すれば $\vec{OA}$ と $\vec{OB}$ と $\vec{OC}$ だけの関係式が得られる よね。

[解答]

(1)
$$\begin{cases} \vec{OP} = \frac{1}{2}(\vec{OB}+\vec{OC}) \\ \vec{OQ} = \frac{1}{2}(\vec{OA}+\vec{OC}) \\ \vec{OR} = \frac{1}{2}(\vec{OA}+\vec{OB}) \end{cases}$$ を

$\vec{OP} + 2\vec{OQ} + 3\vec{OR} = \vec{0}$ に代入する と， ◀ 不要な$\vec{OP}$と$\vec{OQ}$と$\vec{OR}$を消去する！

$\frac{1}{2}(\vec{OB}+\vec{OC}) + 2\cdot\frac{1}{2}(\vec{OA}+\vec{OC}) + 3\cdot\frac{1}{2}(\vec{OA}+\vec{OB}) = \vec{0}$ ◀ $\vec{OA}$と$\vec{OB}$と$\vec{OC}$だけの式！

$\Leftrightarrow \frac{1}{2}\vec{OB} + \frac{1}{2}\vec{OC} + \vec{OA} + \vec{OC} + \frac{3}{2}\vec{OA} + \frac{3}{2}\vec{OB} = \vec{0}$ ◀ 展開した

$\Leftrightarrow \frac{5}{2}\vec{OA} + 2\vec{OB} + \frac{3}{2}\vec{OC} = \vec{0}$ ◀ 整理した

$\therefore\ 5\vec{OA} + 4\vec{OB} + 3\vec{OC} = \vec{0}$ ……(*) ◀ 両辺に2を掛けて分母を払った

[考え方]

(2) まず，**Point 1.10** を考え， ◀ (2)では(1)の結果が使えるはず！

(2)は(1)で求めた $5\vec{OA} + 4\vec{OB} + 3\vec{OC} = \vec{0}$ ……(*)
を使えばうまく解けるんだろうね。

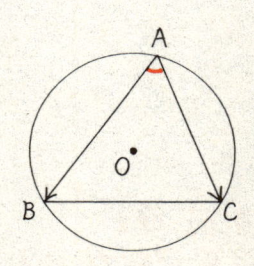

ところで，今までは
「$\vec{AB}\cdot\vec{AC}\ (=|\vec{AB}||\vec{AC}|\cos A)$ を求める
ことによって∠Aを求めていた」よね。

だけど，
(1)で求めた $5\vec{OA} + 4\vec{OB} + 3\vec{OC} = \vec{0}$ ……(*) の
始点は O で，$\vec{AB}$ と $\vec{AC}$ の始点は A なので
今回は $\vec{AB}\cdot\vec{AC}$ は求められそうにない
よね。 ◀ 《注》を見よ

(注)
$$5\vec{OA}+4\vec{OB}+3\vec{OC}=\vec{0} \quad \cdots\cdots (*)$$
$\Leftrightarrow 5(-\vec{AO})+4(-\vec{AO}+\vec{AB})+3(-\vec{AO}+\vec{AC})=\vec{0}$ ◀ Point 1.9
$\Leftrightarrow \underline{12\vec{AO}=4\vec{AB}+3\vec{AC}}$ のように(*)の始点をAに変えることはできなくはない。

しかし，今までのように
$|12\vec{AO}|=|4\vec{AB}+3\vec{AC}|$ を2乗して $\vec{AB}\cdot\vec{AC}$ をつくってみても
$\quad |12\vec{AO}|^2=|4\vec{AB}+3\vec{AC}|^2$
$\Leftrightarrow 144|\vec{AO}|^2=16\boxed{\vec{AB}}^2+24\vec{AB}\cdot\vec{AC}+9\boxed{\vec{AC}}^2$ のように ◀ Point 2.8
よく分からない $\boxed{\vec{AB}}$ と $\boxed{\vec{AC}}$ が出てきてしまう ◀三角形ABCについての情報は全く与えられていない！
ので，$\vec{AB}\cdot\vec{AC}$ を求めることはできない。

そこで，ちょっと発想を変えて
(1)の $5\vec{OA}+4\vec{OB}+3\vec{OC}=\vec{0} \cdots\cdots (*)$ が使えるようにするために**Oを始点とするベクトル**に着目して考えてみよう。

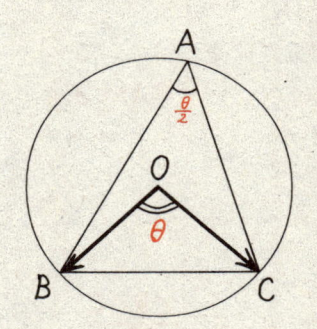

左図のように，◀[補足](P71)を見よ
Oを始点とする $\vec{OB}$ と $\vec{OC}$
について考えると，
Oは円の中心なので
$\angle BOC=\theta$ とおくと
$\angle A=\dfrac{\theta}{2}$ になる よね。◀円の基本性質！

つまり，∠Aが直接求められなくても，
∠BOCを求めることができたら∠Aを求めることができる のである。

そこで，
∠BOC を求めるために $\vec{OB}\cdot\vec{OC}\ [=|\vec{OB}||\vec{OC}|\cos\angle BOC]$ を求めてみよう。

$5\vec{OA}+4\vec{OB}+3\vec{OC}=\vec{0}$ ……(∗)
$\Leftrightarrow 4\vec{OB}+3\vec{OC}=-5\vec{OA}$ から　◀例題14参照

$|4\vec{OB}+3\vec{OC}|=|-5\vec{OA}|$ がいえるので，　◀$\vec{a}=\vec{b}\Rightarrow|\vec{a}|=|\vec{b}|$

$|4\vec{OB}+3\vec{OC}|^2=|-5\vec{OA}|^2$　◀$\vec{OB}\cdot\vec{OC}$が出てくるように両辺を2乗した

$\Leftrightarrow 4^2|\vec{OB}|^2+2\cdot4\cdot3\vec{OB}\cdot\vec{OC}+3^2|\vec{OC}|^2=(-5)^2|\vec{OA}|^2$　◀Point 2.8

$\Leftrightarrow 16|\vec{OB}|^2+24\vec{OB}\cdot\vec{OC}+9|\vec{OC}|^2=25|\vec{OA}|^2$ ……(∗)′

ここで，
$|\vec{OA}|=|\vec{OB}|=|\vec{OC}|=r$ とおく と，　◀OAとOBとOCは円の半径である！

(∗)′ $\Leftrightarrow 16r^2+24\vec{OB}\cdot\vec{OC}+9r^2=25r^2$　◀$|\vec{OA}|=|\vec{OB}|=|\vec{OC}|=r$を代入した
$\Leftrightarrow 24\vec{OB}\cdot\vec{OC}=0$　◀rが消えた！
$\Leftrightarrow \vec{OB}\cdot\vec{OC}=0$　◀$\vec{OB}\cdot\vec{OC}$を求めることができた！

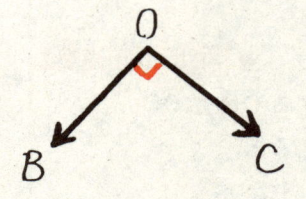

よって，$\vec{OB}\cdot\vec{OC}=0$ から
$\vec{OB}$ と $\vec{OC}$ が垂直に交わっている
ことが分かるので，　◀Point 2.2
∠BOC = 90° がいえる。

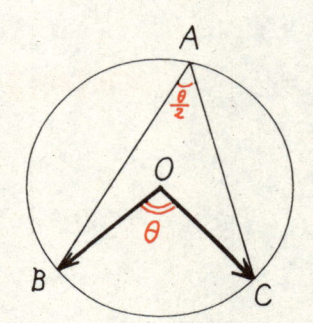

よって，
$\angle A = \dfrac{90°}{2}$　◀$\angle A = \dfrac{\angle BOC}{2}$
$= 45°$ が分かった！

[補足]　Aの位置について　◀一般にAの位置は次の[図1],[図2]のような2通りが考えられる!

　Aの位置が[図1]のようになっていれば，[考え方]のように$\angle A = \theta$ がいえるのだが，もしかしたらAの位置が[図2]のようになっているのかもしれないよね。

もしもAの位置が[図2]のようになっているのなら $\angle A = \theta$ がいえなくなってしまう！

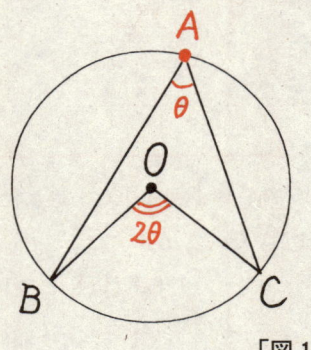

[図1]

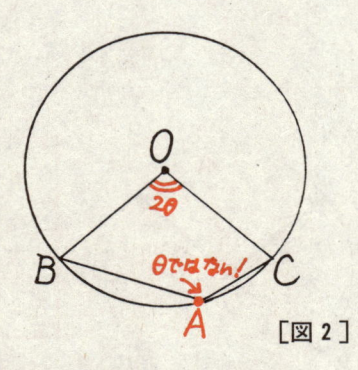

[図2]　θではない！

▶実はこの問題の場合，Aの位置は絶対に[図2]のようにはならないのだが，それはどうしてか分かるかい？
　次の**補題**でちょっと考えてごらん。

― 補題 ―
$5\overrightarrow{OA} + 4\overrightarrow{OB} + 3\overrightarrow{OC} = \overrightarrow{0}$ を満たすAの位置は
[図2]のようにはならないことを示せ。

[補題の考え方と解答]
　まず，次の**基本事項1**と**基本事項2**がいえることは分かるよね？
　[▶分からない人は *Section 5*（ベクトル[空間図形]編）の初めのページから
　Point 5.1 までを読んでから もう一度考えてごらん。]

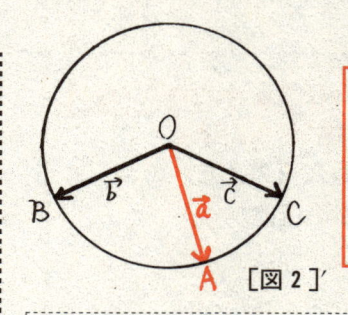

基本事項1

もしも A の位置が [図2]' のようになっているのなら、
$\vec{a} = x\vec{b} + y\vec{c}$ $[x>0, y>0]$
の形になる。

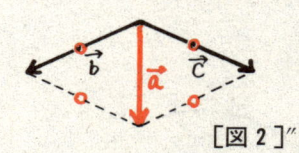

◀例えば、[図2]″ の場合は
$\vec{a} = \vec{b} + \vec{c}$ ◀ Point 1.2
$= 1\cdot\vec{b} + 1\cdot\vec{c}$ と書ける。

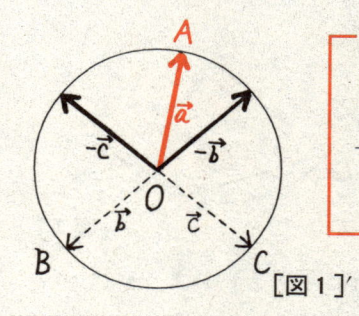

基本事項2

もしも A の位置が [図1]' のようになっているのなら、
$\vec{a} = x(-\vec{b}) + y(-\vec{c})$ $[x>0, y>0]$
$= -x\vec{b} - y\vec{c}$ の形になる。

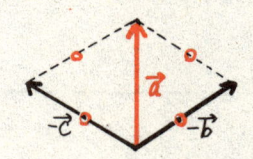

◀例えば、[図1]″ の場合は
$\vec{a} = -\vec{b} - \vec{c}$ ◀ Point 1.2
$= -1\cdot\vec{b} - 1\cdot\vec{c}$ と書ける。

▶ $5\overrightarrow{OA} + 4\overrightarrow{OB} + 3\overrightarrow{OC} = \vec{0}$ を $\overrightarrow{OA}$ について解いてみると
$\overrightarrow{OA} = -\dfrac{4}{5}\overrightarrow{OB} - \dfrac{3}{5}\overrightarrow{OC}$ のようになるので、 ◀ $-x\vec{b}-y\vec{c}$ [x>0, y>0]の形!

基本事項1 と **基本事項2** を考え、A の位置は
[図2] ではなく、[図1] のようになっていることが分かる。

[解答]

(2) $5\overrightarrow{OA}+4\overrightarrow{OB}+3\overrightarrow{OC}=\overrightarrow{0}$ ……(∗)

$\Leftrightarrow 4\overrightarrow{OB}+3\overrightarrow{OC}=-5\overrightarrow{OA}$ から

$|4\overrightarrow{OB}+3\overrightarrow{OC}|=|-5\overrightarrow{OA}|$ がいえるので，◀ $\vec{a}=\vec{b} \Rightarrow |\vec{a}|=|\vec{b}|$

　$|4\overrightarrow{OB}+3\overrightarrow{OC}|^2=|-5\overrightarrow{OA}|^2$ ◀ $\overrightarrow{OB}\cdot\overrightarrow{OC}$ が出てくるように 両辺を2乗した

$\Leftrightarrow 16|\overrightarrow{OB}|^2+24\overrightarrow{OB}\cdot\overrightarrow{OC}+9|\overrightarrow{OC}|^2=25|\overrightarrow{OA}|^2$ ◀ Point 2.8

$\Leftrightarrow 24\overrightarrow{OB}\cdot\overrightarrow{OC}=0$ ◀ $|\overrightarrow{OA}|=|\overrightarrow{OB}|=|\overrightarrow{OC}|$ を考え，整理した

$\Leftrightarrow \overrightarrow{OB}\cdot\overrightarrow{OC}=0$ ◀ $\overrightarrow{OB}\cdot\overrightarrow{OC}$ を求めることができた！

$\therefore \underline{\angle BOC=90°}$ ◀ Point 2.2

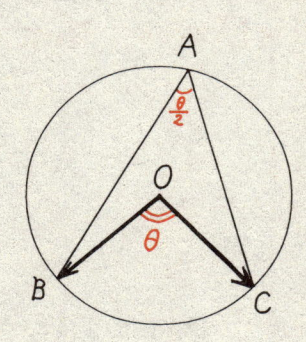

また，

$\boxed{\overrightarrow{OA}=-\dfrac{4}{5}\overrightarrow{OB}-\dfrac{3}{5}\overrightarrow{OC}\ を考え\ 左図が得られる}$ので ◀[補足]参照

$\angle A=\dfrac{90°}{2}$ ◀ $\angle A = \dfrac{\angle BOC}{2}$

$\therefore \underline{\angle A=45°}$

Section 3 ベクトルの位置と面積比に関する問題

12

[考え方]

例題 16 と同様に，いきなり"3つのベクトルの和"については考えられないので，とりあえず"2つのベクトルの和"にするために

$a\overrightarrow{PA}+b\overrightarrow{PB}+c\overrightarrow{PC}=\vec{0}$ を
$a\overrightarrow{PA}=-(b\overrightarrow{PB}+c\overrightarrow{PC})$
$\Leftrightarrow \overrightarrow{PA}=-\dfrac{1}{a}(b\overrightarrow{PB}+c\overrightarrow{PC})$ と変形しよう。 ◀ $\overrightarrow{PA}$ について解いた

$b\overrightarrow{PB}+c\overrightarrow{PC}$ だったら分かるよね。

まず，**Point 1.5**（内分の公式）を使うために

$b\overrightarrow{PB}+c\overrightarrow{PC}$ を $(b+c)\cdot\dfrac{1}{b+c}(b\overrightarrow{PB}+c\overrightarrow{PC})$ と書き直そう。

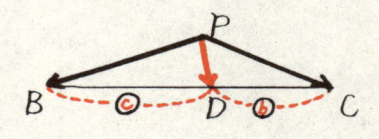

$\dfrac{1}{b+c}(b\overrightarrow{PB}+c\overrightarrow{PC})$ は左図のように BC を $c:b$ に内分する点を表しているので， ◀ **Point 1.5**
式を見やすくするために

$\dfrac{1}{b+c}(b\overrightarrow{PB}+c\overrightarrow{PC})=\overrightarrow{PD}$ とおく と，

$\overrightarrow{PA}=-\dfrac{1}{a}(b+c)\cdot\dfrac{1}{b+c}(b\overrightarrow{PB}+c\overrightarrow{PC})$

$=-\dfrac{b+c}{a}\overrightarrow{PD}$ が得られる。

そこで，$\overrightarrow{PA}=-\dfrac{b+c}{a}\overrightarrow{PD}$ について考えてみよう。

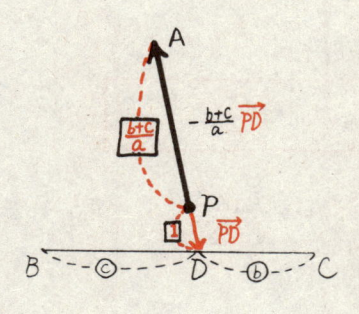

ベクトルの位置と面積比に関する問題　75

$\overrightarrow{PA} = -\dfrac{b+c}{a}\overrightarrow{PD}$ は

「$\overrightarrow{PD}$ を $-\dfrac{b+c}{a}$ 倍すると $\overrightarrow{PA}$ になる」

ということを意味しているので，

3点 A，P，D の位置関係は
左図のようになっていることが
分かるよね。

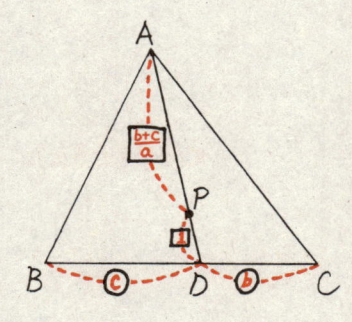

以上より，
$a\overrightarrow{PA} + b\overrightarrow{PB} + c\overrightarrow{PC} = \vec{0}$ を満たす
点 P の位置は
左図のようになっていることが
分かる。

ここで，上図を踏まえて $S_A : S_B : S_C$ について考えてみよう。

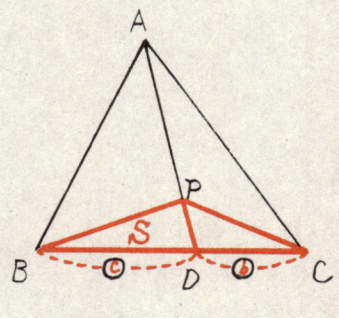

まず，

△PBD の面積を S とおく と，

Point 3.1 より，左図を考え

$S : (\triangle \text{PCD の面積}) = c : b$

$\Leftrightarrow c(\triangle \text{PCD の面積}) = bS$

$\Leftrightarrow (\triangle \text{PCD の面積}) = \dfrac{b}{c}S$ が得られる。

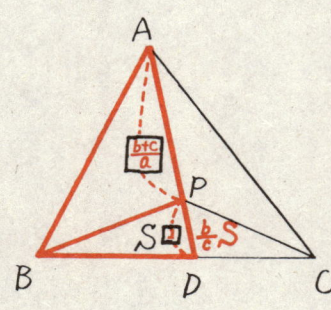

同様に

Point 3.1 より，左図を考え

$S : (\triangle \text{PBA の面積}) = 1 : \dfrac{b+c}{a}$

$\Leftrightarrow (\triangle \text{PBA の面積}) = \dfrac{b+c}{a}S$ が得られる。

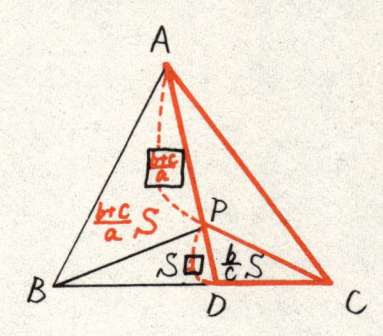

同様に，左図を考え

$$\boxed{\frac{b}{c}S : (\triangle \text{PCA の面積}) = 1 : \frac{b+c}{a}}$$

$\Leftrightarrow (\triangle \text{PCA の面積}) = \dfrac{b}{c} \cdot \dfrac{b+c}{a} S$ が得られる。

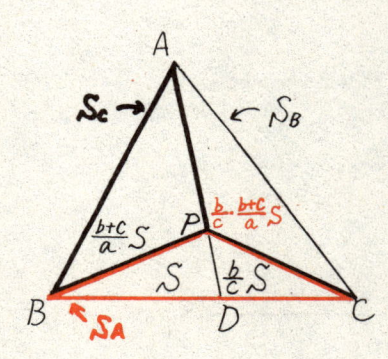

以上より，左図が得られるので

$$\begin{cases} S_A = \dfrac{b}{c}S + S = \dfrac{b+c}{c}S & \blacktriangleleft \text{分母をそろえた} \\ S_B = \dfrac{b}{c} \cdot \dfrac{b+c}{a}S \\ S_C = \dfrac{b+c}{a}S \end{cases}$$

がいえる。

よって，
$$S_A : S_B : S_C = \frac{b+c}{c}S : \frac{b}{c} \cdot \frac{b+c}{a}S : \frac{b+c}{a}S$$

$$= \frac{1}{c} : \frac{b}{c} \cdot \frac{1}{a} : \frac{1}{a} \quad \blacktriangleleft (b+c)S\text{で割った}$$

$$= a : b : c \quad \blacktriangleleft ac\text{を掛けて分母を払った}$$

[解答]

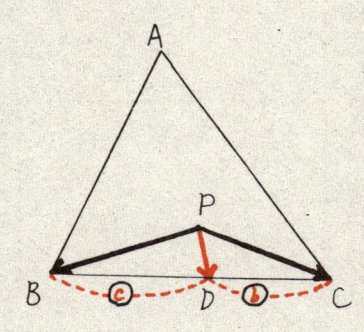

$a\overrightarrow{PA} + b\overrightarrow{PB} + c\overrightarrow{PC} = \overrightarrow{0}$

$\Leftrightarrow \overrightarrow{PA} = -\dfrac{1}{a}(b\overrightarrow{PB} + c\overrightarrow{PC})$

$= -\dfrac{1}{a} \cdot (b+c) \cdot \dfrac{b\overrightarrow{PB} + c\overrightarrow{PC}}{b+c}$ より

$\boxed{\overrightarrow{PD} = \dfrac{b\overrightarrow{PB} + c\overrightarrow{PC}}{b+c}}$ とおく と ◀式を見やすくする

$\overrightarrow{PA} = -\dfrac{b+c}{a}\overrightarrow{PD}$ が得られる。

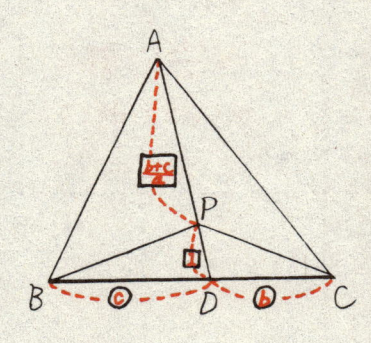

また,

$\overrightarrow{PD} = \dfrac{b\overrightarrow{PB} + c\overrightarrow{PC}}{b+c}$ から

点 D は BC を $c:b$ に内分する点である

ことが分かるので, ◀Point1.5

$\overrightarrow{PA} = -\dfrac{b+c}{a}\overrightarrow{PD}$ より

左図が得られる。 ◀[考え方]参照

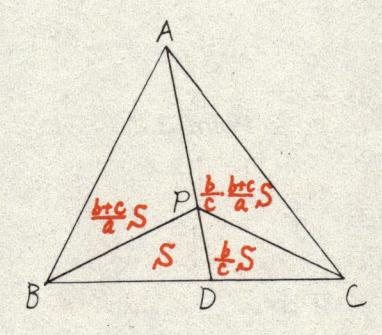

ここで,

△PBD の面積を S とおくと

$\begin{cases} S_A = \dfrac{b}{c}S + S = \dfrac{b+c}{c}S \\ S_B = \dfrac{b}{c} \cdot \dfrac{b+c}{a}S \\ S_C = \dfrac{b+c}{a}S \end{cases}$

がいえる ので, ◀[考え方]参照

$S_A : S_B : S_C = \dfrac{b+c}{c}S : \dfrac{b}{c} \cdot \dfrac{b+c}{a}S : \dfrac{b+c}{a}S$

$= \dfrac{1}{c} : \dfrac{b}{c} \cdot \dfrac{1}{a} : \dfrac{1}{a}$ ◀(b+c)Sで割った

$= \underline{a : b : c}$ ◀acを掛けて分母を払った

(q.e.d.)

[参考]

この問題を解く過程で得られた S_B と S_C を使うことにより次のように **Point 3.3** を示すことができる。

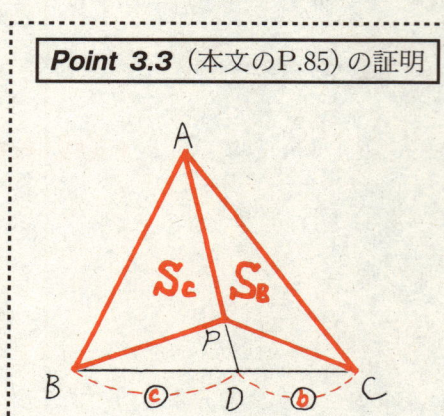

Point 3.3（本文のP.85）の証明

$$\begin{cases} S_B = \dfrac{b}{c} \cdot \dfrac{b+c}{a} S \\ S_C = \dfrac{b+c}{a} S \end{cases} \text{より,}$$

$$S_B : S_C = \dfrac{b}{c} \cdot \dfrac{b+c}{a} S : \dfrac{b+c}{a} S$$

$$= \dfrac{b}{c} : 1 \quad \blacktriangleleft \dfrac{b+c}{a}S \text{で割った}$$

$$= b : c \quad \blacktriangleleft c\text{を掛けて分母を払った}$$

$$\therefore\ S_B : S_C = b : c$$

13

[考え方]

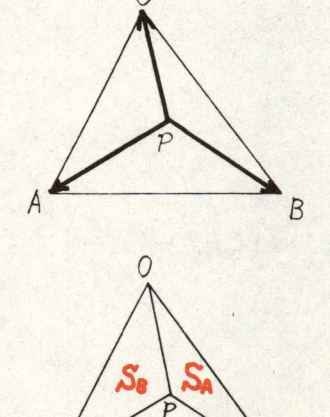

まず，

$\boxed{4\overrightarrow{PA} + 3\overrightarrow{PB} = \overrightarrow{OP}\ \text{を **Point 3.2** の形にするために始点をPにそろえる}}$ と，

$4\overrightarrow{PA} + 3\overrightarrow{PB} = \overrightarrow{OP}$

$\Leftrightarrow 4\overrightarrow{PA} + 3\overrightarrow{PB} = -\overrightarrow{PO}$ ◀ $\overrightarrow{OP} = -\overrightarrow{PO}$

$\Leftrightarrow \overrightarrow{PO} + 4\overrightarrow{PA} + 3\overrightarrow{PB} = \vec{0}$ ◀ **Point 3.2の形！**

が得られる。

よって，

$1 \cdot \overrightarrow{PO} + 4 \cdot \overrightarrow{PA} + 3 \cdot \overrightarrow{PB} = \vec{0}$ より

Point 3.2 を考え

$S_O : S_A : S_B = 1 : 4 : 3$ がいえる。

[解答]

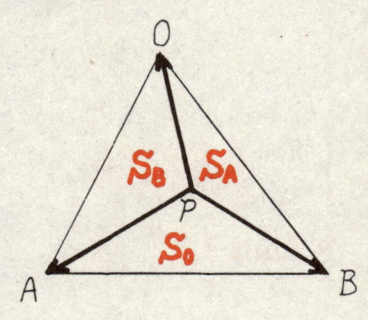

$4\overrightarrow{PA} + 3\overrightarrow{PB} = \overrightarrow{OP}$
$\Leftrightarrow 4\overrightarrow{PA} + 3\overrightarrow{PB} = -\overrightarrow{PO}$ ◀ $\overrightarrow{OP} = -\overrightarrow{PO}$
$\Leftrightarrow \overrightarrow{PO} + 4\overrightarrow{PA} + 3\overrightarrow{PB} = \vec{0}$ より
(△OAP の面積):(△OBP の面積)
$= 3:4$ ◀ Point 3.2

14

[考え方]
(1)

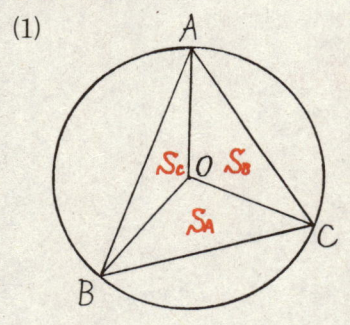

まず, **Point 3.2** を考え
$x\overrightarrow{OA} + 12\overrightarrow{OB} + 5\overrightarrow{OC} = \vec{0}$ $(x>0)$ から
$S_A : S_B : S_C = x : 12 : 5$ ……(*)
がいえる よね。

さらに, (*)から
△OBC と △ABC の面積比は
$S_A : S_A + S_B + S_C = x : x + 12 + 5$
$= x : x + 17$ のようになることが分かる。

よって,
問題文の「△OBC と △ABC の面積比が 13:30」を考え,

$x : x+17 = 13 : 30$ ◀ $S_A : S_A+S_B+S_C = 13:30$
$\Leftrightarrow 30x = 13(x+17)$ ◀ $a:b=c:d \Leftrightarrow ad=bc$
$\Leftrightarrow 30x = 13x + 13 \cdot 17$ ◀ 右辺を展開した
$\Leftrightarrow 17x = 13 \cdot 17$ ◀ 整理した
$\Leftrightarrow x = 13$ が得られる。 ◀ 両辺を17で割った

[解答]

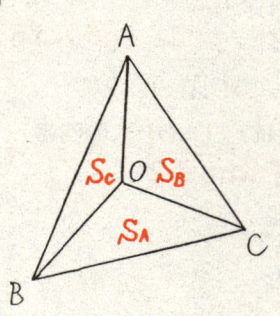

(1)

左図のように
三角形の面積を S_A, S_B, S_C とおくと，
$x\overrightarrow{OA} + 12\overrightarrow{OB} + 5\overrightarrow{OC} = \overrightarrow{0}$ から
$S_A : S_B : S_C = x : 12 : 5$ ……(*)
がいえる。 ◀ **Point 3.2**

よって，(*) を考え

$x : x+17 = 13 : 30$ ◀ $\triangle OBC : \triangle ABC = 13 : 30$

$\Leftrightarrow 30x = 13x + 13\cdot 17$ ◀ $a : b = c : d \Leftrightarrow ad = bc$

$\Leftrightarrow 17x = 13\cdot 17$ ◀ 整理した

$\therefore x = 13$ ◀ 両辺を17で割って xについて解いた

[考え方]

(2) まず，**Point 2.2** を考え

$\overrightarrow{OB} \perp \overrightarrow{OC}$ であることを示すためには
$\overrightarrow{OB}\cdot\overrightarrow{OC} = 0$ を示せばいい よね。

そこで，

$13\overrightarrow{OA} + 12\overrightarrow{OB} + 5\overrightarrow{OC} = \overrightarrow{0}$ から $\overrightarrow{OB}\cdot\overrightarrow{OC}$ を求めてみよう。
($\overrightarrow{OB}\cdot\overrightarrow{OC}$ を求める方法については，既に **例題14** で解説している！)

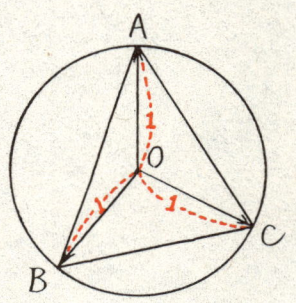

ただし，問題文から
$|\overrightarrow{OA}| = |\overrightarrow{OB}| = |\overrightarrow{OC}| = 1$ ◀ 左図を見よ！
がいえることに注意しよう。

[解答]
(2)
$$13\vec{OA} + 12\vec{OB} + 5\vec{OC} = \vec{0}$$
$\Leftrightarrow 12\vec{OB} + 5\vec{OC} = -13\vec{OA}$ から
$|12\vec{OB} + 5\vec{OC}| = |-13\vec{OA}|$ がいえる ので、 ◀例題14の[考え方]参照。

$|12\vec{OB} + 5\vec{OC}|^2 = |-13\vec{OA}|^2$ ◀ $\vec{OB} \cdot \vec{OC}$ が出てくるように両辺を2乗した
$\Leftrightarrow 144|\vec{OB}|^2 + 120\vec{OB} \cdot \vec{OC} + 25|\vec{OC}|^2 = 169|\vec{OA}|^2$ ◀ Point 2.8
$\Leftrightarrow 144 \cdot 1^2 + 120\vec{OB} \cdot \vec{OC} + 25 \cdot 1^2 = 169 \cdot 1^2$ ◀ $|\vec{OA}| = |\vec{OB}| = |\vec{OC}| = 1$
$\Leftrightarrow 120\vec{OB} \cdot \vec{OC} = 0$ ◀ $169 - 144 - 25 = 0$
$\therefore \vec{OB} \cdot \vec{OC} = 0$ ◀ $\vec{OB} \cdot \vec{OC} = 0$ が示せた！

よって、
$\vec{OB} \perp \vec{OC}$ がいえる。 ◀ Point 2.2   (q.e.d.)

15

[考え方]

V_1, V_2, V_3 は四面体の体積なので、とりあえず **Point 3.4** を使って V_1, V_2, V_3 を具体的に式で表してみよう。

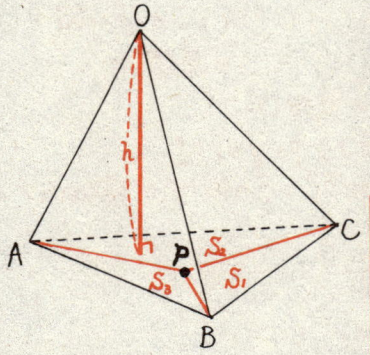

まず、左図のように
四面体 OBCP, OCAP, OABP の
底面積を S_1, S_2, S_3 とおき、
点 O から △ABC に下ろした垂線の長さを
h とおくと、

$$\begin{cases} V_1 = \dfrac{1}{3} S_1 h \\ V_2 = \dfrac{1}{3} S_2 h \\ V_3 = \dfrac{1}{3} S_3 h \end{cases}$$

がいえる よね。 ◀ Point 3.4

よって，
$$V_1 : V_2 : V_3 = \frac{1}{3}S_1h : \frac{1}{3}S_2h : \frac{1}{3}S_3h$$
$$= S_1 : S_2 : S_3 \quad \cdots\cdots ①$$ が得られた。 ◀ $\frac{1}{3}$ んで割った

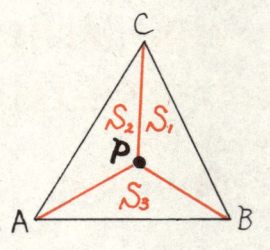

つまり，この問題では，
今までやってきた平面の問題の
$S_1 : S_2 : S_3$ という面積比を
求めてしまえば
それが答えの体積比になるのである！

そこで，S_1, S_2, S_3 について考えてみよう。

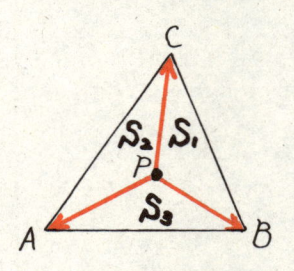

Point 3.2 を考え，
$S_1 : S_2 : S_3$ を求めるには
$a\overrightarrow{PA} + b\overrightarrow{PB} + c\overrightarrow{PC} = \vec{0}$ の形の式を
導けばいい よね。

そこで，**Point 1.9**（始点の移動公式）を使って，与式の
$\overrightarrow{OP} = p\overrightarrow{OA} + q\overrightarrow{OB} + r\overrightarrow{OC}$ の始点を P に書き直す と，

$\overrightarrow{OP} = p\overrightarrow{OA} + q\overrightarrow{OB} + r\overrightarrow{OC}$
$\Leftrightarrow -\overrightarrow{PO} = p(-\overrightarrow{PO} + \overrightarrow{PA}) + q(-\overrightarrow{PO} + \overrightarrow{PB}) + r(-\overrightarrow{PO} + \overrightarrow{PC})$ ◀ $\overrightarrow{OP}=-\overrightarrow{PO}$
$\Leftrightarrow -\overrightarrow{PO} = -p\overrightarrow{PO} + p\overrightarrow{PA} - q\overrightarrow{PO} + q\overrightarrow{PB} - r\overrightarrow{PO} + r\overrightarrow{PC}$ ◀ 展開した
$\Leftrightarrow (p+q+r-1)\overrightarrow{PO} = p\overrightarrow{PA} + q\overrightarrow{PB} + r\overrightarrow{PC}$ ◀ 整理した
$\Leftrightarrow (1-1)\overrightarrow{PO} = p\overrightarrow{PA} + q\overrightarrow{PB} + r\overrightarrow{PC}$ ◀ 問題文より $p+q+r=1$
$\therefore \vec{0} = p\overrightarrow{PA} + q\overrightarrow{PB} + r\overrightarrow{PC}$ ◀ $a\overrightarrow{PA}+b\overrightarrow{PB}+c\overrightarrow{PC}=\vec{0}$ の形の式が得られた！

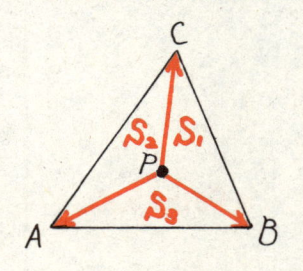

よって，**Point 3.2** を考え，
$p\overrightarrow{PA} + q\overrightarrow{PB} + r\overrightarrow{PC} = \vec{0}$ から
$S_1 : S_2 : S_3 = p : q : r \quad \cdots\cdots ②$
がいえる よね。

ベクトルの位置と面積比に関する問題　83

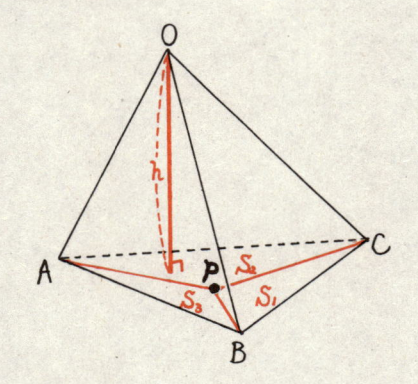

以上より，
$$\begin{cases} V_1:V_2:V_3=S_1:S_2:S_3 \quad\cdots\cdots ① \\ S_1:S_2:S_3=p:q:r \quad\cdots\cdots ② \end{cases}$$
が得られたので，
①と②から
$V_1:V_2:V_3=p:q:r$ がいえる！　◀ $V_1:V_2:V_3=S_1:S_2:S_3=p:q:r$

[解答]

左図のように
S_1, S_2, S_3, h を設定すると，
$V_1:V_2:V_3$
$=\dfrac{1}{3}S_1h:\dfrac{1}{3}S_2h:\dfrac{1}{3}S_3h$　◀ Point 3.4
$=S_1:S_2:S_3 \quad\cdots\cdots ①$　がいえる。

また，
$\overrightarrow{OP}=p\overrightarrow{OA}+q\overrightarrow{OB}+r\overrightarrow{OC}$ の始点をPに書き直す　と，
問題文の $p+q+r=1$ を考え
$p\overrightarrow{PA}+q\overrightarrow{PB}+r\overrightarrow{PC}=\vec{0} \quad\cdots\cdots(*)$ が得られるので，　◀[考え方]参照

$(*)$から $S_1:S_2:S_3=p:q:r \quad\cdots\cdots ②$ がいえる。　◀ Point 3.2

よって，①と②より
$V_1:V_2:V_3=p:q:r$ ∥　◀ $V_1:V_2:V_3=S_1:S_2:S_3=p:q:r$

<メモ>

© 2003 Masahiro Hosono, Printed in Japan.

[著者紹介]
細野真宏（ほその まさひろ）

細野先生は、大学在学中から予備校で多くの受験生に教える傍ら、大学3年のとき『細野数学シリーズ』を執筆し、受験生から圧倒的な支持を得て、これまでに累計250万部を超える大ベストセラーになっています。

また、大学在学中から「ニュースステーション」のブレーンや、ラジオのパーソナリティを務めるなどし、99年に出版された『細野経済シリーズ』の第1弾『日本経済編』は経済書では日本初のミリオンセラーを記録し、続編の『世界経済編』などもベストセラー1位を記録し続けるなど、あらゆる世代から「カリスマ」的な人気を博しています。

数学が昔から得意だったか、というとそうではなく、高3のはじめの模試での成績は、なんと200点中わずか8点（！）で偏差値30台という生徒でした。しかし独自の学習法を編み出した後はグングン成績を伸ばし、大手予備校の模試において、全国で総合成績2番、数学は1番を獲得し、偏差値100を超える生徒に変身しました。

細野先生自身、もともと数学が苦手だったので、苦手な人の思考過程を痛いほど熟知しています。その経験をいかして、本書や「Hosono's Super School」では、高度な内容を数学初心者でもわかるように講義しています。

「一体全体、成績の驚異的アップの秘密はドコにあるの？」と本書を手にとった皆さん、知りたい答のすべてが、この本のシリーズと「Hosono's Super School」の講義の中に示されています！

大好評の「Hosono's Super School」について、資料請求ご希望の方は、
〒162-0042　東京都新宿区早稲田町81　大塚ビル3階
Hosono's Super School事務局
（☎03-5272-6937／FAX 03-5272-6938）までご連絡ください。

細野真宏のベクトル[平面図形]が本当によくわかる本

2003年4月20日	初版第1刷発行	
2021年4月3日	第11刷発行	
著　者	細野真宏	
発行者	柏原順太	
発行所	株式会社　小学館	

〒101-8001
東京都千代田区一ツ橋2-3-1
電話　編集／03(3230)5632
　　　販売／03(5281)3555
http://www.shogakukan.co.jp

印刷所・製本所　図書印刷株式会社

装幀／竹歳明弘(パイン)　編集協力／川村寛(小学館クリエイティブ)
制作担当／山﨑万葉　販売担当／斎藤穂乃香　編集担当／藤田健彦

© 2003　Masahiro Hosono, Printed in Japan.
ISBN 4-09-837402-1 Shogakukan,Inc.

●定価はカバーに表示してあります。
●造本には十分注意しておりますが、印刷、製本など製造上の不備がございましたら、「制作局コールセンター」(ＦＤ0120-336-340)にご連絡ください。(電話受付は、土・日・祝休日を除く9：30～17：30)
●本書の無断での複写(コピー)、上演、放送等の二次利用、翻訳等は、著作権法上の例外を除き禁じられています。
●本書の電子データ化などの無断複製は著作権法上の例外を除き禁じられています。代行業者等の第三者による本書の電子的複製も認められておりません。